建筑设计系列 8

BASIC RULES OF BUILDING PLANNING 100

建筑设计的 100 个基本原则

［日］山崎健一 著

朱轶伦 译

上海科学技术出版社

目录

设计中最重要的是有大量储备——代序

■ 在提供中药处方药的药店里，可以看到整面墙都是小抽屉，抽屉的前面板上贴着里面所放药物名称的纸片。药店里的药物品种越多，抽屉的数量也会越多，这样也能配制越多种类的处方药，所以抽屉的数量（中药种类的多样性）也象征了药房的价值所在。

■ 建筑设计的工作也是一样的，为了能够适应各种设计条件，也需要把大量的信息和经验等放入脑海中的"抽屉"里。储备的信息和经验越多，能够适应的条件也会越多，这和提供中药处方药的药店的情形是一样的。

■ 创造新事物、从零开始设计之类的工作对于经验尚浅的人来说是有些难度的，有没有能够参考的手法，工作的进展会完全不同。创造一件事物基本上都是从模仿甚至拷贝开始的，从这个角度来看，也需要储备足够的手法经验。

■ 建筑设计这个工作，是在某个给定的条件限制范围内尽量去想出所有的可能性，再去决定要采用哪一种。而存在脑海中的信息和经验越多，选择也会越多，从而可以得出更好的结果。

■ 再从更细致的角度去看建筑设计工作的话，它是一项满足建筑用地和周边环境的条件、客户给定的条件、法律和习惯等限制，并做出调整的工作。脑海中有多少信息量也会对结果产生很大的影响。

■ 设计也并不是只要满足给定条件就够了，还需要让客户在其中能够感受到方便、易用、舒适且充满感情才行。从这个角度来看，脑海中的储备也是越丰富越好。如果本书能够给充实读者脑海中的储备带来帮助的话就不胜荣幸了。

山崎健一

中药店的药柜和药袋

设计师的思考

001

积累在设计中可以运用的经验[1]

■ 看到建筑与自然后,实际融入其中去观察街道和风景,通过多样化的体验把更多素材收入囊中,这就是充实建筑设计所需要做的准备方法之一。

在建筑设计时至少需要做到下列三项:
- 调查建筑用土。
- 理解业主的需求。
- 确认必要的法规。

■ 然而实际在建造建筑的时候,为了能够让建筑可以长久使用下去,就需要做好与这地球上可能发生的各种事情(包罗万象)做抗争的准备。

■ 因此在自己的锦囊中,就需要包含有历史学、美学、心理学、考古学、民族学等人文科学,政治学、法律学等社会科学,物理学、化学、生物学等自然科学,医学、生理学、工学、农学、心理学等应用科学或者说人类所能思考的空间和现象所对应的概念,以及多种多样自然现象甚至自然界本身等,所有领域的知识和经验都要涉猎。

■ 不妨这么想,旺盛的好奇心是有志于建筑设计所必需的资格和条件。

■ "为什么?""原因呢?"这种对事物追根究底的精神,从书本上来说是人类这种具有较高智力的动物所特有的,但是具体到每一个人来说程度又各不相同。在进行设计活动的时候,为了增加锦囊中的妙计,"为什么?""原因呢?"这样的质疑精神是很重要的。总而言之,看到、听到、触碰到、品尝到等经历都要深入思考毫不含糊,保有一个积极参与其中的心态。初次体验给人以强烈的印象,因而是丰富自己锦囊的绝佳机会。

世界各地的建筑物、结构体、街道[1]

卡帕多西亚地区的怪岩风景(土耳其)
位于安纳托利亚高原上的卡帕多西亚地区风景常以"怪岩遍地"来形容,然而实际到那边去看的时候,比之山岩还是疏松的砂岩更为贴切。在风化作用下风景能保持多久不免令人担心。

德吉马广场(摩洛哥)
马拉喀什的德吉马广场作为交易中心汇聚了大量人口,独特的交流方式带来的乐趣成为当地独特的魅力,这里也为体验这种文化提供了宝贵的场所。

布尔吉巴大街(突尼斯)
两重行道树虽然对道路宽度有更高的要求,但是也给行人和来往车辆提供了更美观的环境,体现出中央大道应有的气魄。

运河上的拱桥（中国）
上海近郊以水乡闻名。其中之一的同里地区有一座横跨运河的拱桥，因其美感而聚集了游客的目光。从这里可以看出，同一个图形的反复也是美的一种要素。

阿罕布拉宫殿旧厨房楼的排气塔（西班牙）
阿罕布拉宫殿因其伊斯兰建筑独特的"水"的使用和装饰瓷砖而备受瞩目，然而入口右手侧的旧厨房楼的排气塔林立的姿态也颇有看头。

路易斯康的建筑（孟加拉国）
美国建筑家路易斯康的设计。他以在达卡的国会议事堂的设计著名，同时也有很多其他建筑作品。每一处在开口部都有独特的形状，从内装来看，通过奇异形状的开口部投射进来的光影也因恰到好处的控制而充满魅力。

阿旃陀、埃洛拉石窟寺院群（印度）
德干高原的阿旃陀、埃洛拉石窟寺院群以流传数世纪的"信仰"所创造出来的各种艺术形象带来强烈的震撼。在短暂的时间里射入黑暗深处的一线光明带来的效果令人动容。

行道树（中国）
行道树的枝杈需要定期修剪虽然有其理由可以理解，但是看到这样令人叹为观止的翠绿隧道时也会催生出"这样也很棒"的想法。

寺院入口（印度尼西亚）
寺院入口两侧的立竹，既是门这个概念的原点，又充分传达了营造世俗和神圣之间的结界的意图。

积累在设计中可以运用的经验[2]

■ 积累各个领域的信息和经验说起来容易，那具体实践起来又要如何做呢？

■ 先辈们努力的成果以"书籍"的形式记载下来，这就已经是海量的信息了，窝在图书馆里读万卷书就是一种方法。不过更推荐先行万里路丰富自己的见识经验。能够在人的脑海中切实留下来的记忆，往往偏向于视、听、触、嗅、味这五感全部活跃起来的所谓现场体验更为优先。

■ 首先需要寻访的对象是建筑物和人造工件，并且要选择不同规模大小、不同用途和古往今来东西方各异的对象。历史性建造物不妨从评价较高的对象开始效率会更高。当然，建筑物以外的风景、街道、森林和洞窟等自然界的鬼斧神工也可以作为观察对象去深入体验。

■ 在这个过程中想要形成自己的观点的话，就不能对寻访对象挑肥拣瘦，要不断制造机会一处一处看过来，时刻抱有求知若渴的心态。

■ 进入社会开始工作之后，就不再容易在平时生活圈子之外另外拨出时间出远门了。但是在学生和求职阶段还是有相当的自由的。也建议在这段时间里多多远行。

■ 工作之后，积累经验的时间主要就是有效利用休假和就业时间外的机会了。把珍贵的时间更好地利用起来，上班和出差的途中的见闻也可以用来充实自己的锦囊。如果从事建筑行业的话，和施工现场的工匠交流也是一个很好的信息来源。去成为一个积极的聆听者吧！

世界各地的建筑物、结构体、街道[2]

弗兰克·劳埃德·赖特设计的古根海姆博物馆(美国)
卷曲贝壳状的结构使得墙面和地面都有少许倾斜。虽然传闻这样并不利于绘画鉴赏，但是也不妨放松一下享受这无尽空间的奇妙。

树花园顶的大切面集成材料建筑(日本)
这是一个大切面的木结构集成材料作为骨架的竞技场大屋顶。近看惊人的巨大建材和整体却形成恰好的比例。

小特里亚农宫(法国)
玛丽安托瓦内特在农村建造的显眼的凡尔赛宫庭院离宫。和凡尔赛宫相比感觉更加舒适，可能也是平民的一些自卑心理作崇吧。

辰野金吾所设计的福冈市红砖文化馆（日本）
前生命保险九州支店，现在看起来有些过于累赘，但是作
为一种建筑风格来说有着其他建筑所没有的特点，是一
处不可多得的学习标本。

村野东吾设计的近三大楼（日本）
保存状况良好，建筑各处洋溢着村野注重细节的气质。特
别是入口大厅值得驻足观赏一番。

矶崎新设计的静冈县会议艺术中心（日本）
位于东静冈的这处大型建筑中，可以体验到矶崎新世界
的美妙之处。外观固然出色，而内部空间的设计中富有动
感的结构则更为夺目。

宫崎县厅主馆（日本）
日本的现役政府楼中第四古老（1932年）。80年代这个时
期似乎是被称为"公共建筑既然花了那么多金钱就要好
好建造"的年代。

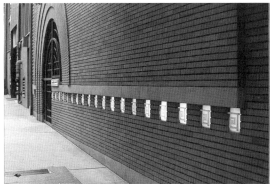

莫里斯商会（美国）
弗兰克·劳埃德·赖特的作品即便是小规模建筑，在比例、
素材的使用，以及动线处理都非常地道且舒适。也许是在
单位空间里凝聚着浓重的匠人智慧的缘故吧。

圣索菲亚大教堂（土耳其）
圆顶屋顶上的天光。相比于现代的平板玻璃营造的天光
来说确实看上去原始了一些，但是从室内仰望屋顶时满天
星辰的观感却是独具魅力。

准备好材料的信息[1]

■ 在建筑设计中,决定建筑上使用的材料(建材)是一个重要的工作步序。为了能够做到这点,对于建材种类的一般知识还是要提前掌握的。

■ 一般来说建筑可以根据多种分类方法来处理。其中之一是根据功能来分类。建筑材料可以分为用于构成建筑躯体的结构材料、主要用于内外部装饰的涂装材料,以及对其辅助用的辅助材料几种。还有根据材料(建材)所使用的部位来分类,比如屋顶材料、墙面材料、地面材料、家具等类别。又或者是根据素材的种类来分类,比如石材、木材、铁材、有色钢材、黏土烧制材料、高分子材料、混凝土、植物纤维材料等。

■ 建筑材料根据材质、形状、使用的部位和性能等来细化分类的话会更易于理解。比如结构材料分为木质系、金属系、混凝土系等类别,或者根据作结构材料使用时的一般形状(正方形材料、长方形材料、H形钢材、钢制管材等)来分类的方法。

■ 在实际设计中,会把上述的分类项目以及材料所使用的场所和使用方法等结合起来再按具体情况使用。比如把结构用的实木木材直接外露作为装饰材料使用的方法,以及将属于有色钢材的不锈钢板作为屋顶建材使用的方法,或者内嵌硬木系木材的地面材料的方法等。

■ 通过这样的方法,在脑海中预先有建筑材料种类数目、适用场所等概念后,在实际设计中要确定材料的时候就会事半功倍了。

建材分类表

功能	材质	
结构材料	木质系	普通结构用建筑材料
		结构用集成材料
		结构用胶合板等
		框架墙施工法用的木制材料
	金属系	钢材
	土系	灰浆
内装材料	木质系	家具用建材(针叶树)
		基材(针叶树)
		阔叶树建材(东南亚产)
		阔叶树建材(日本产)
	石系	天然石
		人造石
	钢材系	
	非钢材系	
	玻璃系	
	黏土烧制系	
	高分子系	
	混凝土系	
	灰浆系	
表面材料	石膏板	
	涂料系	
	粉刷材料	
	喷涂材料	
	其他	
外装材料	木质系	
	石系	
	钢材系	
	非钢材系	
	玻璃系	
	黏土烧制系	
	高分子系	
	混凝土系	
	灰浆系	
	涂料系	
	粉刷材料	
	喷涂材料	
	其他	
辅助材料	高分子系	隔热材料
		吸音、隔音材料
		防水材料
		防腐蚀材料
		密封材料
		粘着材料
	无机系	隔热材料
		吸音、隔音材料
		防火、耐火材料
	钢材系	防水材料
	土质系	隔热材料
		吸音、隔音材料
	黏土烧制系	吸音、隔音材料
	其他	吸音、隔音材料
		防火、耐火材料
		防水材料

表1

第1章 设计师的思考

部位	形状	种类	性能	施工方法
立柱	正方形	杉木、桧木、铁杉、榉木、美国杉木、台湾杉木、云杉		木结构框架法
基础	正方形	桧木、罗汉柏、铁杉、赤松、栗木、榉木、美国杉木		贴板法
梁、桁	平板方形	松木、杉木、桧木、栗木、榉木、美国杉木、美国松木		
立柱、梁、桁		美国松木、桧木		木结构框架法、钢架结构法
墙、地面	板、其他	J板材、Try-Wood津江木板、冲网板、工程木材		
	2×2、2×4、2×6	针叶树		贴板法
立柱、梁、桁	钢管、型钢、厚板	SS390、SS400、SS490、SS540	不可燃	木结构框架法
躯体		硅酸盐混凝土	不可燃、耐火	墙面结构、钢架结构法
门槛、门楣、墙角线、框	平板方形	桧木、罗汉柏、杉木、铁杉、美国杉木、台湾杉木、云杉		
地面、墙、天花板	板、地板条	日本花柏、杉木、松木、桧木、冷杉、铁杉、美国杉木、台湾杉木		
门窗	平板方形	杉木、桧木、冷杉、美国杉木、美国杉木、台湾杉木、云杉		
龙骨、横撑、屋顶板、粗地板		北洋松木		
定制家具	平板方形	柳桉木、柚木、核桃木		
定制家具	平板方形	樱花木、栎木、山毛榉、栗木、榉木、橡木		
地面、墙、天花板	地板	山毛榉、栎木、樱花木、柚木、克隆木		
地面、定制家具	集成板材、层积板	桧木、栎木、美国杉木、美国松木		
地面、墙、天花板、家具、门窗	胶合板、纤维板	工程木材		
地面、定制家具	方石块、石板	花岗岩、安山岩、砂岩、粘板岩、石灰岩、大理石	不可燃	湿式、干式、预先铺设
地面、定制家具	石板、成型石材	花岗岩、安山岩、砂岩、粘板岩、石灰岩、大理石	不可燃	湿式、干式、预先铺设
墙、天花板、定制家具、门窗	瓦楞板		不可燃	
墙、天花板、定制家具、门窗	瓦楞板	铝材		
地面、墙、天花板、定制家具、门窗	玻璃板	浮化平板玻璃、玻璃板、嵌网玻璃、层压玻璃	不可燃	
	结晶玻璃		不可燃	
地面、墙	砖片	瓷质、石质、陶质	不可燃、耐火	湿式、干式、预先铺设
	砖块	标准型、羊羹形、薄形、大型	不可燃、耐火	湿式
地面、墙、天花板、定制家具	砖片	塑料砖片、橡皮砖片		
	薄片材料	长PVC薄片、镶嵌薄片、乙烯基地板		
地面、墙、天花板、定制家具	板材、成型材料	PC板、ALC板、GRC板	不可燃、耐火	幕墙
地面、墙、天花板、定制家具、门窗	板材	石棉板、木片灰浆板		
地面、墙、天花板	板材	石膏板、屋顶石膏板、强化石膏板	不可燃	钢制基础大墙、直接张贴
地面、墙、天花板、定制家具、门窗		搪瓷、颜料、油漆、清漆、亮漆		刷毛涂装、喷涂
地面、墙、天花板、定制家具		灰浆泥、石膏抹土、粉刷材料		镘刀涂抹、刮涂、洗出工艺
地面、墙、天花板、定制家具		蓖麻灰浆、喷涂粉刷材料、多层喷涂		喷涂
地面、墙、天花板、定制家具		地毯、榻榻米、布墙纸、塑料墙纸、和纸		
屋顶、外墙、地面、门窗	板、平板方形、桧皮	杉木、桧木、栗木、红桉、巴劳木、柚木		
屋顶、外墙、地面	方形石材、石板、切割石块	花岗岩、安山岩、砂岩、粘板岩、石灰岩、大理石	不可燃	湿式、干式、预先铺设
护墙、地面	间知石、切割石块	花岗岩、安山岩、砂岩、粘板岩、石灰岩、大理石	不可燃	湿式、干式、预先铺设
屋顶	钢板、折板	PVC钢板、镀铝锌钢板、不锈钢板	不可燃	
外墙、地面、门窗	板材、瓦楞板	PVC钢板、搪瓷钢板、耐候性钢板	不可燃	
屋顶、外墙、地面、门窗	瓦楞板	铝材		
	板材	铝材		
屋顶、外墙、地面、门窗	玻璃板	浮化平板玻璃、造型玻璃板、嵌网玻璃、层压玻璃		结构密封胶粘式
	玻璃块	浮化平板玻璃、造型玻璃板、嵌网玻璃、层压玻璃		结构密封胶粘式
屋顶、外墙、地面	瓦	熏瓦、盐烧瓦片、釉彩瓦片、无釉砖瓦	不可燃	
	砖块	标准型、羊羹形、薄形、大型		湿式
	砖片	瓷质、石质		湿式、干式、预先铺设
屋顶、外墙、地面、门窗	砖片	树脂水磨石砖片、橡皮砖片、PVC砖片		
	薄片材料	长PVC薄片		
屋顶、外墙、地面	板材、成型材料	PC板、ALC板、GRC板	不可燃、耐火	
屋顶、外墙、地面	板材	石棉板、木片灰浆板	不可燃	
屋顶、外墙、地面、门窗		搪瓷、颜料、油漆		刷毛涂装、喷涂
屋顶、外墙、地面		灰浆泥、粉刷材料、水磨石		镘刀涂抹、刮涂、洗出工艺
屋顶、外墙		蓖麻灰浆、喷涂粉刷材料、多层喷涂		喷涂
屋顶、外墙、地面、门窗		竹子、茅葺、桧木皮		
屋顶、外墙、地面	张贴材料、板材、喷涂材料	聚苯乙烯、发泡聚氨酯、发泡尿素树脂		
屋顶、外墙、地面	薄片材料	隔音薄片		
屋顶、墙、地面	薄片材料、涂料	PVC薄片、丁基橡胶、氯丁二烯、聚氨酯、橡胶沥青、玻璃钢		
屋顶、墙、地面	涂料、喷涂材料	环氧树脂系、聚氨酯系、聚酯系、甲基丙烯酸系		
屋顶、墙、地面、门窗	硬化剂硬化型、自然风干型	硅系、多硫化物系、丙烯酸聚氨酯系、甲基丙烯酸系		
屋顶、墙、地面、门窗、定制家具		醋酸乙烯酯系、氯丁系、环氧系、再生橡胶系		
屋顶、外墙、地面	张贴材料、板材、喷涂材料	玻璃棉、石棉		
屋顶、外墙、地面	张贴材料、板材、喷涂材料	玻璃棉、石棉		
屋顶、外墙、地面	张贴材料、板材、喷涂材料	石棉		
屋顶	钢板	不锈钢板、镀铝锌钢板		
屋顶、外墙、地面	板材、喷涂材料	绝缘板、纤维素纤维		
屋顶、外墙、地面	板材	木片灰泥板、软质纤维板、胶合板		
墙	砖片	吸音砖片		
屋顶、外墙、地面	板材	石膏板、石棉平板		
屋顶、墙、地面	板材	石膏板、石棉平板、石棉硅酸盐板		
屋顶、墙、地面		沥青		

004

准备好材料的信息[2]

■ 实际接触材料是收集建筑材料相关信息的方法之一。首先就从眼见为实开始吧，通过观察来了解外形、大小（面积和进深）、是否可动、颜色如何、光洁度、光反射情况、有什么样的角度等信息。需要注意的是，光洁度和光反射情况会受到观察场所的光状态（自然光还是人造光、白天还是朝夕、白炽灯还是LED等）、物体所处场所和周边亮度明暗等的状况所影响，也要一并观察进去。

■ 然后就和材料来个亲密接触吧。通过接触材料可以进一步确认材料的形状。通过实际肌肤接触可以更清楚材料的温度、软硬、表面平滑度，以及是不是容易打滑等特性。能够上手掂量的话对于分量也会更清楚。当手指尖滑过物体表面的时候，光滑情况（摩擦）的区别会以震动的形式传给大脑，据说最小可以辨别到13纳米（1纳米为百万分之一毫米）的区别。灵活运用自身这项优异的特性来收集更多观察对象的信息吧。

■ 如果是可以敲击的物体的话，通过敲击时的触感以及听到的声音的音量强弱、频率高低、音色、发声位置、余音等，就可以收集到物体厚度、硬度、密度、吸音性能等信息了。

■ 观察对象的气味信息也要注意收集。比如桧木的芳香虽然广为人知，而其他散发好闻味道的物体具体有什么样的气味、强度如何、如果有异味的话程度如何等状态都是需要收集的信息。塑料系的材料、黏着剂、涂料、溶剂等有着独特的气味，也要一一鉴别。

■ 建筑材料上基本上不需要用到人的味觉，但是"蓝建"（利用发酵的作用把不溶于水的有机染色材料"蓝"来强制溶入制成染色材料的技术）中，据说就需要通过舔舐来确认蓝的发酵状态。值得一提的是，铁材有着独特的味道，如果记住的话说不定什么时候会用得上。

图1

建筑材料样本的例子以及取得的方法

• 建筑材料的样本可以通过展厅、施工现场或者直接向店家索取等途径得到。

• 在收集材料的时候尽可能大量多样本收集（特别是有纹理的材料）。使用的时候再切成小份即可。这样可以方便和户主、施工方、设计师等共享材料。

• 如果有必要的话，样本要预先测试过。暴露试验、抗污性能、耐热性能、不易燃性等都要一一测试。

建筑材料样本册

表1

人所拥有的感觉

感觉		内容
所谓的五感	触觉	手指、皮肤、指甲、毛发等的触觉。通过皮肤来感受温暖(温觉)、寒冷(冷觉)、疼痛(痛觉)等
	视觉	用眼睛来看
	听觉	用耳朵听
	味觉	食物和饮料等入口后的感受
	嗅觉	通过鼻子吸入空气来感受
其他感觉	运动感	通过关节活动来感受自身运动的加速度和方向
	压感	通过皮肤上分布的压感点来感受被拉扯按压时的感觉
	脏器感觉	通过分布在内脏上的神经来把内脏的痛楚、饥饿、干燥、饥饱、恶心、尿意、便意等信息转换为神经活动信息并交由大脑处理
	前庭感觉	也叫作平衡感,通过内耳的半规管等来把身体的方向、倾斜度、动作信息转换成神经活动信息,并交由大脑处理
	固有感觉	能感受到身体的各部分在哪里,现在是什么状态,运动感、抵抗感、重量感也包含在内。虽然是人在日常生活中最原来的感觉,但是基本上意识不到其存在
	痒感	皮肤、眼睑内侧和鼻腔黏膜等处会产生,并引起挠痒反射的感觉
	空间感(空间认知能力)	能够正确认知物体的位置、方向、姿势、大小、形状、间隔等,在立体空间里占据的状态和活动的感觉。需要视觉、听觉等人的数个感觉协同工作,是有志于建筑设计工作的人所必需的感觉(能力)
令人舒适的感觉	音	涓涓水流声、小鸟的鸣叫声、风吹树叶的沙沙声等,以及竖琴、单簧管等发出柔和悦耳的乐器声。从这些声音的音色、音高、音响要素来看,能让人感到舒适的半数以上都是同一个波形周期性重复的声音
	光	不直射入眼睛的间接光、透过光、反射光等。虽然白天阳光的白色比较重要,但黄昏时稍暗的红黄色更能让人放松舒适
	色	颜色亮度和饱和度来说,不过于明亮,也不过于鲜艳的颜色更能让人沉静舒适。色相一般以暖色调让人更舒适,男性多偏向青色系,女性多偏向于粉色系
	感触	质感来说,柔软的感觉会让人舒适。非常光滑的表面和略冷和略暖的东西有时也会带给人舒适的感觉
	香味	香水是为了提供令人舒适的香味而制作的,其中以薰衣草、玫瑰、天竺葵、果实中的柑橘系等较为突出
令人不快的感觉	音	人的悲鸣、婴儿的啼哭声等在人的听觉高音区域,会让人产生本能的危机感和不快感。而低音区域的单调连续声音也会让人感到不安
	光	耀眼的(炫光之类)光会带给人不快感。光源直射眼睛、背景和光源亮度差太大、光源本身亮度高或者光源太靠近眼睛等,特别容易让人产生不快感
	色	亮度和饱和度特别高的颜色容易对眼睛产生强烈刺激,让人产生不快感。色相来说,形成补色关系的颜色对比过强会让人不舒服
	感触	粗糙、黏糊、滑腻,以及让人发痒等粗糙或者尖锐的东西,会让人感到不适
	臭味	他人的体味和口臭,油脂和蛋白质分解产生的氨气和硫化氢臭味,排泄物的臭味等都会让人产生较强的不快感。对于纳豆、蓝纹芝士等发酵食品则是因人而异的

准备好材料的信息 [3]

地上万物都要受到时间的洗礼,特别是表面会从初始状态不断变化下去。建筑材料也不例外,随着时间推移外观会发生改变,根据情况可能易用性和耐用性也会受到影响。近年来人们对于建筑使用寿命提出了新的要求,准备好建筑材料随时间变化的信息对于建筑材料的选择是很重要的。

使物体状态发生变化的重要原因有氧化、水分(湿气)、紫外线、温度、细菌、电位差、污垢、摩擦损耗、压力、冲击、屈曲等多种。其中作为变化原因影响比较大的是紫外线,会造成日晒痕迹和褪色等现象,以及塑料类的强度劣化等。而氧化和水分则是生锈、腐蚀的主要原因。

用以观察物件随着时间变化状态会如何不同的观察方法之一是暴露试验。金属、硅材料、橡胶、涂装材料等样品放在大气环境中(暴露),并观察阳光、温度、湿度、降雨、大气污染物质等造成的变形、变色、锈迹生成等。暴露试验虽然可以观察到和实际使用状态接近的变化,但是需要时间才能得到一定程度的变化结果。为了缩短时间,就开发出了能够再现人工大气环境的促进风化试验机"气象仪",并被众多从业公司使用。但是根据笔者的经验来看,和实际使用状况下的结果还是有差别的。

木材等天然材料长年使用产生的状况变化,一般来说虽然会因为日晒而发生变色、裂痕等问题,但是美观和耐久性的劣化比较迟缓,相比之下合成树脂等高分子系的材料褪色和强度劣化等发展得就比较快了。因为高分子系的材料其组成本来就容易受到紫外线和温度变化的影响,在处理的时候就需要注意了。

表1

长期变化的主要原因如下

原因	症状
氧化	生锈
水分(湿气)	膨大、延展、收缩、破裂、腐败、变色、污垢
紫外线	日晒痕迹、褪色、强度劣化
温度	延展、收缩、弯曲
细菌	腐败、污垢
电位差	电解腐蚀
污垢	变色、腐蚀、生锈
摩擦损耗	凹痕、松动、间隙
压力	变形、破损
冲击	变形、破损、凹痕
屈曲	变形、弯折

照片1

自然环境暴露试验一例
店家制作的样本用于暴露试验。贴纸的用途在于记录试验开始日期,以及之后作为未暴露部分对照比较。

表2

关于获取考察长期变化用的样本

操作步序		操作内容
何处获取	建材·素材·设备·机器店家	
	建材·素材·设备·机器展厅	
	展示会、内部披露会	
	施工现场	获得实际使用材料的残料
	制造·加工现场	获得过去使用材料的残料
获取方法	直接到现场索取	直接到施工现场和制造现场索取
	向店家索取	通过邮件、传真、电话、信件等方式索取
获取时的要点	锁定对象	开始收集后很难收手，要精确锁定对象
	实验场所、保管方法	试验获取的样本的场所，试验后样本是丢弃还是留作下次使用
	样本尺寸	30 cm左右的方形材料的切开样本或者瓷砖一类店家准备好的试验用样本总不如实际物品好用。表面有纹理的材料需要至少能看到整个花纹的尺寸。特别是小面积样本和大面积实际使用的观感会带来不同的印象(一般来说面积越大的样本表面色彩看起来会越显著)
	样本数量	只需要自己使用的部分，还是需要多份以供委托方查看，以及和施工方商谈时使用等
	物性表、施工规程、使用说明书	了解样本的处理方法和物质特性是选用样本的必备条件，如果可能最好可以一并获得样本的物性表、施工规程以及使用说明书等

照片2

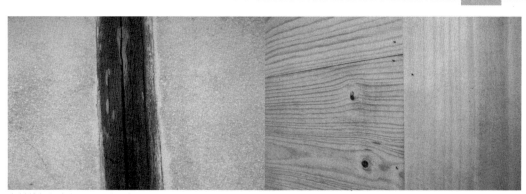

木材的长年变化（左：老，右：新）

石材的长年变化（左：老，右：新）

006

收集设计案例备用

■ 设计建筑时，能把古往今来东西方的前辈们所创作的实际建筑设计案例（布局、外观、内部装饰、比例、部件嵌合、规格等）的图纸以及照片信息收集起来备用的话会相当有效。

■ 各个设计案例因其特定的位置（施工地）、特定的委托方（使用者）而往往不能直接原样照搬使用。然而其中所包含的针对各种条件的解决方法、美观的比例等却可以多多参考。

■ 在收集案例时，可以先找到介绍建筑物的新闻。只要知道设计者的名字往往就可以找到作品集。作品集就是设计案例的宝库了，从中可以得到大量的信息。

■ 需要收集的设计案例不仅仅针对个人设计师。以前建造的民宅之类设计师不详的案例中也有许多可以参考的案例。平时就注意的话，在介绍民宅的册子之中或许就可以找到不错的案例。

■ 自己外出寻访各处建筑时，把当时的信息（速写、备忘、照片、视频等）储存起来也很有用。由于是个人的实际体验，其中感动的案例、失望的案例就会更深一步理解，信息量想必也会更大一些。并且这样在记忆中也会更鲜明吧。

■ 在寻访案例中偶尔收获的感动心情的体验，以后可以在自己的设计中再现出来，同样失望的案例也要归纳出原因和理由，在自己的设计中避免出现同样的问题。

表1

从设计案例中可以学习的东西

学习什么	学习内容
分区	分区的方法
	私人空间和公共空间的处理方法
布局（规划）	动线的考量
	各个房间的功能
	动线洄游性的形式
	房间的位置摆布
	房间之间的连接方式
	房间之间的间隔方式
比例	如何取得各房间之间的平衡
	最大的房间的大小
	相对于整体所占的比例
开口部	位置（出入口、窗户）
	大小
	开闭的形式

表2

设计案例的收集方法

操作步序	操作内容
去哪里找	建筑专业杂志
	一般杂志（面向普通人的住宅杂志等）
	作品集（按设计师、建筑类别区分等）
	房屋建造商以及设施的目录宣传册等
	网站
如何收集	购买书籍杂志和作品集等
	从书籍杂志和作品集上复印
	获得宣传册等
	通过学习会等机会
	从网络上下载
如何储备	书籍杂志和作品集等原样保存
	手描纸
	复印纸
	扫描后的电子数据
储备哪些	房屋之间的连接方式
	洄游性和动线结构
	各房屋之间的比例
	各房间的位置摆布

图1

勒·柯布西耶的住宅设计案例

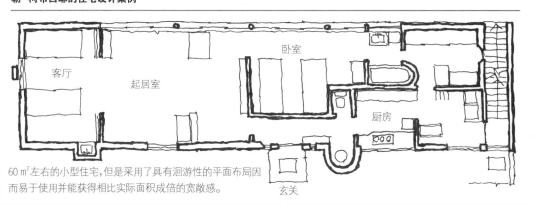

60 m² 左右的小型住宅，但是采用了具有洄游性的平面布局因而易于使用并能获得相比实际面积成倍的宽敞感。

图2

弗兰克·劳埃德·赖特的住宅设计案例

起居室-餐厅-厨房的连接方式、具有洄游性的平面布局设计、门廊通往起居室-厨房-地下室的连接方式等，可以从这个平面布局中学习良多。

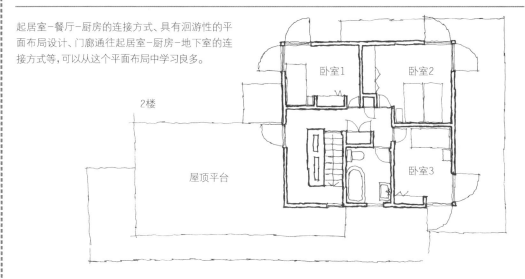

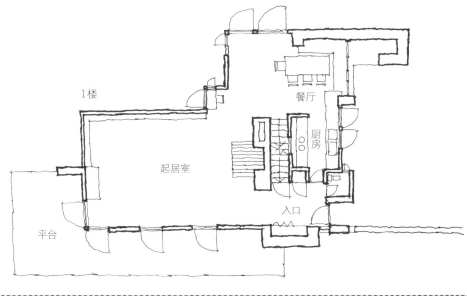

007 准备好数据

■ 建筑材料中有石材、木材、土材等天然材料，以及钢铁、合成树脂等工业生产材料。即便是天然材料中的石块和原木也罕有按需取形的使用方法，通常都是使用工厂预先按照一定的形状和尺寸加工好的成型材料。因而预先了解好出现在市场上的建筑材料的形状和尺寸种类对于平滑地开展建筑设计工作是非常有效的。

■ 关于工厂生产的材料，由日本工业标准调查会审议并由经济产业大臣所制定的JIS（日本工业规格）中对形状和尺寸有着详细的规定。另一方面，木质建材有《农林物资的规格化和品质标示的正规化相关法》规定，并在农林水产省和消费者厅所管的JAS（日本农林规格）中，对形状和尺寸有着详细规定。这些都可以作为参考。

■ 经常使用的建筑材料的形状和尺寸在《建设物价》《积算资料》等业界杂志以及厂家的商品目录上都有记载，因而哪怕只是把这些复印一下放在手边对于实际设计工作也是很有帮助的。还要注意，即便在JIS规格上有记载，但是很少用的形状和尺寸的产品往往可能缺货或者需要较长的出货期，生产量有限价格也较高。

■ 像这样收集来的建筑材料基准和规格相关数据，在实际设计中能利用的时候主要也就是实施设计的阶段，也就是开始考虑部件嵌合及细节部分的时候。使用方法是要以坚持原始形状和尺寸为原则。因为这样的材料按照一定的基准来管理，精度和品质也就更可信赖。

■ 和想法中的部件嵌合度不匹配的时候，可以使用近似的形状和尺寸之类的基准产品进行加工使用，根据情况也可以另外下订单订制新规格产品。

表1

日本JAS的木材基准（选自农林水产省告示第1083号。详细请参考JAS基准）

分类·标准	内容	
木材	结构用木材	建筑物结构抗力的主要部分所使用的硬木木材
	装饰用木材	门槛、楣板等建筑物的装饰部分使用的硬木木材
	基底木材	屋顶、地面、墙壁等处的基底硬木木材
	硬木木材	区分南方生产的硬木和国产硬木的标准
	框架结构建造法使用的木材	框架结构法建筑物上，在结构抗力部分及结构部件上使用的软木木材
木材的材料种类	板材类	截面短边不足75 mm。长边为短边4倍以上
	方形材料类	截面短边长于75 mm。短边不足75 mm且长边不到短边4倍
	圆柱形材料类	截面为圆形。直径在长度方向上恒定的结构用木材
品质和标示的标准	品质标准	木材表面品质、药剂渗透、保存处理、含水率、尺寸等方面
	标示标准	标示事项、标示方法、禁止标示的事项等方面
干燥处理材料的含水率标准和记号	人工干燥处理木材（装饰用木材）	15%以下：SD15、18%以下：SD18
	人工干燥处理木材（硬木）	10%以下：SD10、13%以下：SD13
	天然干燥处理木材	30%以下：干燥处理（天然）
保存处理	K1	室内的干燥条件下无腐烂、蚁害的场所中，针对干燥害虫的防虫性能有需要的材料。比如防治褐粉蠹等
	K2	低温且较少腐烂、蚁害条件下的高耐久性材料。用于寒冷地区的建筑部件
	K3	在普通的腐烂、蚁害条件下的高耐久性材料。用于基座等建筑部件
	K4	比通常更严重的腐烂、蚁害条件下的高耐久性材料。用于暴露在室外承受风雨的部件
	K5	极度严重的腐烂、蚁害条件下的高耐久性材料。用于电线杆、枕木等部件

表2

第1章 设计师的思考

石材的标准和规范样例（选自日本工业规格・石材 JIS A 5003，项目名号同JIS A 5003）

项目名	小项目编号	内容
2. 石材的分类	2.1	石材按照如下的项目来分类：（1）岩石的种类 （2）形状 （3）物理特性
	2.2	岩石按照种类区分。分类石材再根据岩石种类如下区分： （1）花岗岩类 （2）安山岩类 （3）砂岩类 （4）黏板岩类
	2.3	石材根据形状有下列区分方法：（1）方形石材 （2）石板 （3）间知石 （4）割石
	2.4	石材根据压缩强度分为硬石、准硬石和软石。
3. 形状和尺寸	3.1	方形石材、石板、间知石以及割石分别必须要符合（1）~（4）中的规定。 （1）方形石材 宽度不足厚度的3倍，有一定长度 （2）板材 厚度不足15cm，宽度为厚度三倍以上 （3）间知石 原则上外表面近似方形，在长度方向上四边均收束，垂直于外表面的长度要有边长的1.5倍以上 （4）割石 原则上外表面近似方形，在长度方向上两边收束，垂直于外表面的长度要有边长的1.2倍以上
	3.2	方形石材的尺寸参考JIS A 5003表2
	3.3	石板的尺寸参考JIS A 5003表3
	3.4	间知石的尺寸参考JIS A 5003表4
	3.5	割石的尺寸参考JIS A 5003表5
	3.6	尺寸的测量方法：厚度、宽度、长度都要按照去掉缺陷的最小部分来测量
4. 缺点和等级	4.1	关于缺陷方面用语的意义： ● 翘起 石材的表面及侧面的弯曲 ● 龟裂 石材的表面及侧面的裂痕 ● 斑痕 石材的表面部分色调不均 ● 内部气孔 石材中可以轻易切下程度的异质部分 ● 缺角 石材外露面的两角的细小破碎部分 ● 凹陷 石材表面的凹陷 ● 斑点 石材表面部分的点状斑痕 ● 孔穴 石材表面及侧面的孔穴 ● 印痕 食材表面沾上的其他材料的颜色
	4.2	石材的缺陷有如下方面： ● 尺寸不正确、翘起、龟裂、斑痕、内部气孔、缺角、凹陷 ● 软石方面还有上述以外的斑点和孔穴问题 ● 装饰用石材还有色调和组织不均，以及印痕问题
	4.3	石材品质根据产地和岩石种类分为一等品、二等品以及三等品，区分方法参照JIS A 5003表6

照片1

JAS木材标准案例

照片2

砖片材料施工案例

石材施工案例

■ 信息中的人、温度、空气、风、光(自然、人工)、声音、水、重量、密度、地质等都和建筑设计关系密切相关。这些事物相关的信息要究其原理并细致入微地收集起来。

■ 举例来说,与人相关的信息中有身高、肩宽、体重、手脚长度、步幅等。把这些身体特征按照性别年龄区分,收集起来想必会更有效率。动作的特征和范围最好要知道,人的身体活动和知觉、大脑的信息处理特征等也能知晓的话就更好了,还有人和物体的交互之类。 能够放入锦囊中的设计线索是非常丰富的。

■ 气温、降雨和起风等气象情况有关的信息也非常重要。譬如过去的年度和月度的记录中,最高最低记录以及风速风向的记录(按地区区分)就很关键。气温上下起伏的原因、降雨的原因、起风的原因等能够弄明白的话,对于建筑设计也是非常有用的。

■ 声音传播的方式和音质、音量程度等会造成的影响也是非常珍贵的资料。光源不同造成的物质和能量分布的不同状况、房间环境的差异造成的明亮度感觉差别等也是有用的信息。设定重量时候的普通基准值、荷重的传导方式、密度等物理现象,以及机理、特性的信息也一定要收集完备。

■ 实际上这类信息被称为规划原理或者设计原理,是在开始建筑方向的学习时需要学习的东西,因而手头有参考书或者教科书的人也不少吧。不妨再认真确认一下内容,仔细整理组织一番。

图1

光的传播方式

光是一种固定波长范围内的电磁波。在光的波长范围内,人眼能看到的波长范围又被称为可视光。

光具有波的特性,会有反射、折射、衍射、干涉等现象。另一方面光又具有粒子的特性,和声音通过空气等介质来传播相比,光则通过光粒子(光子)的移动来传播。声音(图4)在密度越高的介质中传播速度越快(空气＜液体＜固体的顺序),与之相对的,光在密度越低的介质中传播速度越快(真空＞空气＞液体＞固体的顺序)。光有选择最小时间的路径前进的性质,其结果就是光线呈直线传播。然而进入透明媒介(空气、水、玻璃等)的光线在空气和水这样密度不同的媒介的交界线上会斜向通过而产生折射现象。这是因为光在比空气密度更高的水中速度下降(和空气中按照同一路径前进则会消耗更多时间),因而为了追求最小时间的路径就会转变角度。光线在遇到不透明表面的时候就会发生反射。在遇到光滑的面时入射角和反射角相等,而凹凸不平的表面会造成漫反射。由于光是沿直线传播的,途中遇上遮挡物的话阴影里的物体就不可见。但是有镜面的时候光则可以反射(入射角和反射角相等),有时就可以照亮遮蔽物阴影里的东西,这就叫衍射。

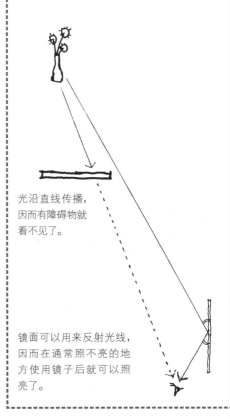

光沿直线传播,因而有障碍物就看不见了。

镜面可以用来反射光线,因而在通常照不亮的地方使用镜子后就可以照亮了。

图2

热的传播方式

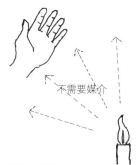

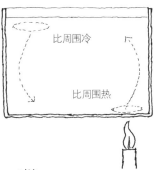

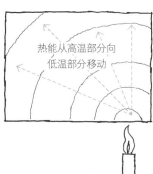

● **辐射(放射)**
即便周围没有介质(真空等),也可以通过被称为红外线的波长范围内的电磁波(电磁场)来传播热的现象。

● **对流**
气体和液体温度上升后比重就下降变轻了,因而就产生了比周围热的部分就向上、比周围冷的部分就向下运动的现象。

● **传导**
在物质内以及互相接触的物质间,由温度高的部分向周围温度低的部分传导热能达成热平衡的现象。

图3

结露现象的原理(通过杯子的大小来类比气温的高低、把水蒸气换成水来考虑)

空气中可以包含的水蒸气的量和空气的温度呈比例关系。假设,我们把温度高的空气比作大一些的杯子,温度低的空气比作小一些的杯子,就如同某一个温度下空气中所含水蒸气的状态,温度升高之后对于大一些的杯子来说水蒸气的量就变少了(相对湿度降低),反之温度降低之后对于小一些的杯子来说水蒸气的量就增加了,从而湿度也升高了。温度继续下降,杯子变小的话,倒不进去的水蒸气就从杯子里溢出来了,这就是结露现象。

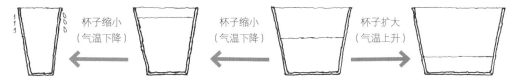

杯子缩小
(气温下降)

杯子缩小
(气温下降)

杯子扩大
(气温上升)

杯子进一步缩小后,水就会溢出滴下来(气温继续下降后达到饱和从而发生结露现象)。

杯子变小后,水位开始上涨(气温下降后相对湿度上升)。

杯子变大后,水位下降(气温上升后相对湿度下降)。

图4

声音的传播方式

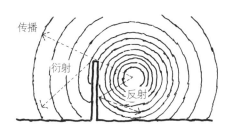

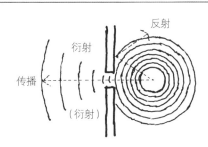

声音是以空气为介质的波(弹性波=疏密波=纵波),因而声音的传播方式表现出波的特征。声波的行进方向中有障碍物的话就会发生反射,障碍物有端点或者间隙的话就会从这些地方向背面周围发生衍射现象。

格物致知 [2]

■ 建筑设计是思考布局、组织建筑高度、长度、广度等比例问题，并决定建筑材料的工作。近年来设备的预算比例占到了建筑整体的30%左右，因此考虑好设备规划再进行设计工作这一步是不可忽视的。

■ 统称的建筑设计其实现在已经分化为外形设计、结构、设备三个方向，三者共同协作是业界的普遍形式。即便如此，作为外形设计师如果不懂设备的基本知识的话，布局和比例等就没法简单地确定，甚至有时候还有要回炉重造的可能。所以即便是外形，设计师也要收集设备的基本信息理解其内容。

■ 建筑中的设备种类繁多，比较基本的有电力、燃气、供排水三样。这些设施归什么地方（部门、民营企业等）管理、运营，从这些地方怎样供给过来，又怎么样进入建筑的都是需要知晓的。

■ 供给方和需求方之间的接点（责任分界点）的位置，以及这个位置的处理方法等需要特别注意。比如电力，引入电压是单相还是三相，是地下引线还是架空引线，架空的情况下是直接在建筑物上引线还是通过立柱引线等的基本原理和准则的信息都是一定要收集的。

■ 设备安装在建筑物内部之后，在建筑的哪里管理主要部分，必要的地方要如何分配（分支）等，安装线材和排管的主干部分和分支部分所必要的维护空间要有多少，这一类的信息也需要提前准备好。

■ 一般的建筑设计中，有把设备的线材和排管类隐藏在建筑装饰内层的倾向（隐蔽处理），为了确保设备机器性能和功能等正常，而需要利于设备维护和更新的建筑设计中，这方面的信息就一定要准备完善了。

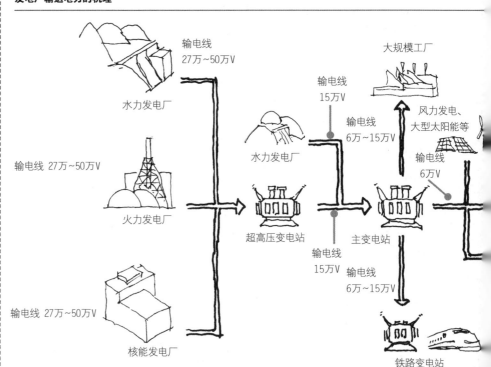

发电厂输送电力的机理

输电线 27万~50万V —— 水力发电厂

输电线 27万~50万V —— 火力发电厂

输电线 27万~50万V —— 核能发电厂

水力发电厂 —— 超高压变电站

输电线 15万V

输电线 6万~15万V —— 主变电站

输电线 15万V

输电线 6万~15万V

输电线 15万V —— 大规模工厂

风力发电、大型太阳能等

输电线 6万V

铁路变电站

图2

交流电引入室内的准则

杆上变压器把电压降至100~200 V后再输送住宅中,由于输电电线有规定高度,因而在设计时要注意设定好引入的高度点。

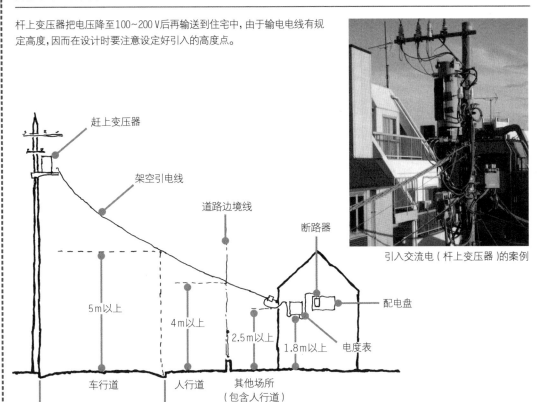

引入交流电 (杆上变压器)的案例

- 赶上变压器
- 架空引电线
- 道路边境线
- 断路器
- 配电盘
- 5m以上
- 4m以上
- 2.5m以上
- 1.8m以上
- 电度表
- 车行道
- 人行道
- 其他场所 (包含人行道)

图1

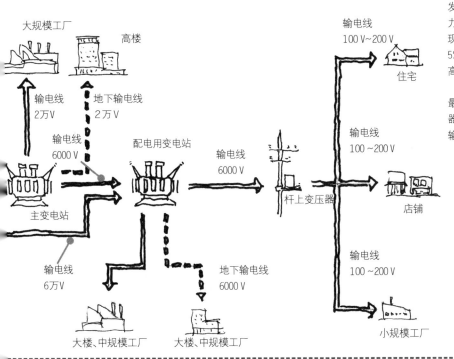

- 大规模工厂
- 高楼
- 输电线 2万V
- 地下输电线 2万V
- 输电线 6000 V
- 配电用变电站
- 输电线 6000 V
- 杆上变压器
- 主变电站
- 输电线 6万V
- 地下输电线 6000 V
- 大楼、中规模工厂
- 大楼、中规模工厂
- 输电线 100~200 V
- 住宅
- 输电线 100~200 V
- 店铺
- 输电线 100~200 V
- 小规模工厂

发电厂使用高电压来输送电力是为了减少输配电的损失。现在日本的电力网损失率在5%左右,在世界上也是一流的高效率。

最终到达需求方的杆上变压器(图2)后,再以大约6000 V来输送交流电。

010

格物致知[3]

■ 作为建筑整体中设备预算的比例增加的原因之一，节能、省资源等环保方向的影响不得不考虑。现在准备设备机器的时候，优先考虑具有节能省资源功能的环保型号已经是理所当然的事了。理解这些机器怎么构成一个系统、需要如何处理等问题对于一个外形设计师平滑推进设计进展来说也是很有必要的。

■ 节水型的水龙头和坐便器也属于环保型设备的一员。其中冲水式坐便器的改善尤为显著，在这十年中就从过去一次用水量13升左右下降到了6升以下。为了能够使用更少的水量保证冲水坐便器维持原有的冲洗能力和效率，厂家也下了大量的工夫。原理是什么、怎样冲水、如何不降低冲洗能力减少用水量，这些信息都需要准备妥当。如果设备的使用方法错误的话，会有出现问题的可能。

■ 热水相关的机器中也有在节能和高效率方面进化显著的产品。热水器产品最近对于高效产生热水、减少二氧化碳排放量方面所下的工夫较为突出。以往用来加热冷水的能源主要是燃气和煤油灯燃烧效率比较高的燃料，现在电力和燃料电池也加入到这个阵营中来了。根据系统不同会有不一样的特征，所以为了判断建筑最适合什么样的系统，就需要把这一类的信息都收集起来充分理解。

■ 好不容易采用了性能优异的机器，然而使用方法不当的话，也就如同暴殄天物，有时候完全没法发挥节能的功效。特别是使用热电联产系统（cogeneration，把燃烧机器中的余热用作发电或者取暖热源使用，提高机器系统的整体能源效率的机制）时要特别注意。

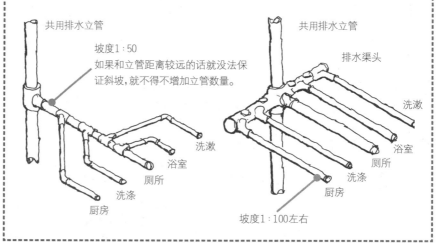

图1

排水方式的进化

合流排水系统（以往的排水方式）
● 横向距离往往有过长的倾向。
● 排水坡度至少需要1：50。
● 上层楼板和下层天花板之间空间不够放置横向排管时只能增加纵向立管数量。

渠头排水方式（新型排水方式）
● 排水性能稳定。
● 可以从共用部分清理。
● 横向排管斜坡缓和，因此可以和立管距离拉开，更利于排水规划。

共用排水立管

坡度1：50
如果和立管距离较远的话就没法保证斜坡，就不得不增加立管数量。

洗漱
浴室
厕所
洗涤
厨房

共用排水立管

排水渠头

洗漱
浴室
厕所
洗涤
厨房

坡度1：100左右

图2

潜热回收型热水器的原理（以能率Noritz的产品为例）

第二热交换器
输送进来的冷水首先由第二热交换器加热。通过这样的方式可以把热交换效率提升到95%，与以往的型号相比减少13%的燃料消耗。

第一热交换器
第二热交换器预热过的热水在这里再次被加热，在短时间内达到很高热度。

燃烧器
使用1500℃左右的热能加热第一热交换器。

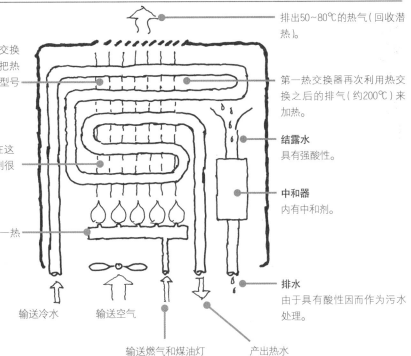

排出50~80℃的热气（回收潜热）。

第一热交换器再次利用热交换之后的排气（约200℃）来加热。

结露水
具有强酸性。

中和器
内有中和剂。

排水
由于具有酸性因而作为污水处理。

输送冷水　　输送空气

输送燃气和煤油灯　　产出热水

表1

热水器的性能比较
（林内Rinnai提供资料）

性能比较项目	以往的燃气热水器	最新型混合加热热水器
一阶能源消耗量	100	60
一阶能源效率	100	156
CO_2排放量（热水）	100	46
CO_2排放量（地暖）	100	69
使用费用（热水）	100	45
使用费用（地暖）	100	63

混合加热型热水器由利用深夜电力的热泵式热水器和潜热回收型热水器组合而成。
煤炭、石油、天然气等存在于自然界的称为一阶能源。电力则通过发电厂燃烧的燃料的能源量（换算成一阶能源）相当值来评估。

图3

下水道的合流和分流的区别

● **合流**

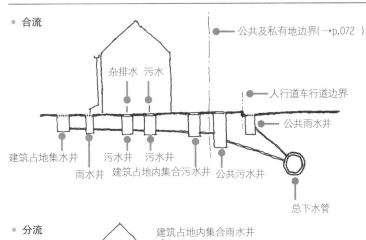

公共及私有地边界（→p.072 ）

杂排水　污水

人行道车行道边界

公共雨水井

建筑占地集水井

雨水井　　污水井　污水井

建筑占地内集合污水井　　公共污水井

总下水管

● **分流**

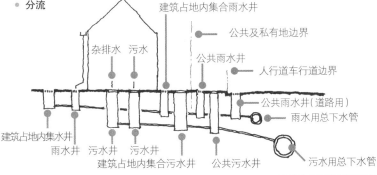

建筑占地内集合雨水井

公共及私有地边界

杂排水　污水

公共雨水井

人行道车行道边界

公共雨水井（道路用）

雨水用总下水管

建筑占地内集水井

雨水井　污水井　污水井

建筑占地内集合污水井　　公共污水井

污水用总下水管

格物致知 [4]

■ 建筑材料分为传统材料和新型建材。新型建材使用至今只有200年，作为建筑材料的评价也尚不完整。相比之下传统材料长久以来一直在使用，性质得到了充分验证，特性、维护方法、交付方式等诀窍也已积累很多。木材方面，在什么样的地方会有什么样的变化，通过什么样的工程砍伐来并制成材料使用，木材的组织、特征、木框架相关的知识等都需要详细了解。

■ 结构用集成材料、结构用单板层积材、结构用胶合板、定向刨花板等工程木材，人工干燥材料等，都是由自然木材在工场通过二次加工制成的，因而不包含在传统材料中。砖和黏土瓦等烧制温度比较低的材料是以往就一直在使用的传统材料，而高温烧制的成品在尺寸和品质上都能更优秀，属于新型建材的范畴。

■ 新建材开发日新月异，新的产品、全新的材料使用方法、交付方式不断涌现出来。比如需要强调大型玻璃表面的设计时采用的SSG结构和平面结构等中，就由表面玻璃和支撑材料，以及结构密封胶组成。和传统的使用窗扇来支撑玻璃的幕墙结构相比，玻璃表面的冷暖气负担要更少，具有节能的效果。在这些新结构中扮演重要角色的就是性能进化显著的各种密封材料。

■ 也不要忽略在工场二次加工制成的木质建材。结构用的胶合板作为耐力面材使用的案例虽然比较普遍，但是使用较厚的结构用胶合板和剥除了接地板的厚板的案例现在也逐渐多起来了。此外，窄木板呈斜向格状排布制成的产品也可以提供和结构胶合板相当的强度。其特征是没有黏结层，通气性能更好。其他的还有比如非胶合板的定向刨花板，以及火山硅酸盐玻璃纤维增强板这类耐力面材。一定要增加自己新潮产品的信息量。

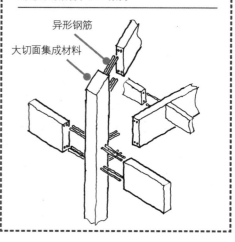

图1

新建材的接合和加工案例

异形钢筋
大切面集成材料

COLUMN 工程木材

虽然没有明确的定义，但是把木材分割成单板、小片、纤维等，细分化成基本元素后再通过黏着剂加工成型的板材、方形材料就被称为工程木材。去除了实木材料的缺陷（木节、裂缝等），提升了产品性能的稳定性，还有可以有效再利用木屑的优点。基本元素根据大小分为椎板、单板、华夫、丝缕、薄片、颗粒、纤维等。主要的工程木材有集成材料、复合板、I型梁、单板层积材（LVL）、定向刨花板（OSB）、平行木片胶合木（PSL）、中密度纤维板（MDF）、华夫板（WFB）等。

COLUMN 木质材料刚性结构

如今常有一种叫木质材料刚性结构的提案，使用集成材料和金属件使得梁柱的接合部得以成为刚性结构。还有采用了安全工程结构法和异形钢筋与黏着剂搭配使用的案例（钢筋约束接合法）等。

照片提供方：NCN

表1

传统建材和新建材

分类		内容
传统建材	土系	土抹墙(京壁)、砂墙、粉刷、石膏、硅藻土、三合土、砂浆、碎石砂浆
	石系	玄昌石、铁平石、大理石、花岗岩、印度砂岩、庵治石
	木系	实木方材、实木板材、实木平方材、粗圆柱、带皮粗圆柱、竹
	榻榻米	榻榻米、花莛
	布系	交织布、地毯、毛毯
	纸系	编织纸、屏风纸、牛皮纸
	铁系	熟铁、铸铁、锻铁
	玻璃系	玻璃板、有色玻璃、吹制玻璃、玻璃制马赛克
以往使用的建材的替代品	替代实木材料	胶合板、集成材料、工程木材等
	替代木制品	铝合金窗扇等
	替代玻璃材料	聚碳酸酯等
	替代大理石	人造大理石等
	替代粉刷材料	复合墙面图书材料、喷涂材料、石膏板、JolyPate
以往没有的新建材		蒸压轻质加气(ALC)板材、黏着剂、合成树脂涂料、不锈钢板、镀铝锌钢板、高分子隔热材料、玻璃砖、结晶玻璃、耐热玻璃

图2

玻璃面结构比较(以往的玻璃幕墙结构和新型SSG结构的区别)

- **以往的幕墙结构**
铝制竖框的部分形成热桥,容易阻碍热负荷的降低。

- **最新型SSG结构**
外部没有铝制竖框部分,因此可以通过热桥效应降低热负荷。

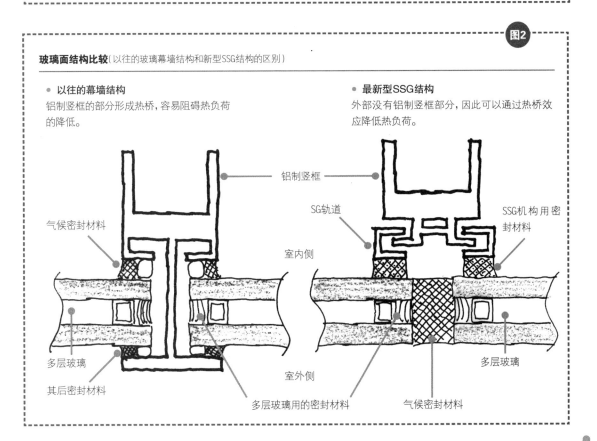

012 牢记临场体验

■ 把在建筑现场亲身体验、亲眼所见的信息牢牢记住并且活用到设计中，不单纯是纸面上的记录一下而已，而是要更进一步整理妥善。比如说通过在现场得到的各种信息，把自己当时的心情感受的原因尽可能分析整理出来，这个过程是非常重要的。通过这样的过程，在自己进行近似条件设计的时候，就可以向着令人愉悦的方向去再现了。反之，令人不适的体验也可以在设计时有效避免。

■ 令人感觉舒适的原因可以有很多种。以房屋为例，屋顶的高度、屋顶的宽敞程度、两者的比例；窗户的位置和大小、形状、采光方式（时间和天气导致的变化）；照明的使用方法（光源的种类和器具的效果导致的变化）；地面、墙面、屋顶的表面纹理和色调；声音的反射；家具和摆件之间的平衡等各种各样的要素之间肯定是有联系的。而以建筑为例，和周边（自然以及街道等）是否协调、汇集了哪些要素、天气和时间条件如何、人群是否密集等，需要验证的要素也非常之多。当然了，这些信息的获取方法和内容，以及程度等都是因人而异的。如果自信不足的话，不妨先从被认定为优秀建筑（比如说被指定为世界遗产的地方）的对象的状况、结构、式样等入手观察并记忆，也是一个捷径。

■ 然而实际走出去到不同的场所去体验观察来收集建筑相关的信息后，右脑进去左脑出来最后忘记了的话也就没有意义了。记得住是很重要的，记忆是说过去经历过的事情往后还可以回想起来，也有把经验保持到必要时刻的意义。就如同把信息存放到自己的锦囊中，在需要的时候再取出来的行为。记忆术这种技能现在也多有提到，针对建筑来说下列方法会比较有效。

■ 印象深刻、引人入胜的体验会更难忘，因而预先把要观察的对象相关的预备知识准备好再去的话，印象的深度和兴趣的产生方式都会不一样，记忆也会更加深刻。仔细观察观测对象的话，留下的记忆也会更深刻。相比走马观花拍拍照就走人的现场观察，在速写本上描绘时观察时间更长，也更仔细，往往会记得更牢。

■ 调集人身上所有的感官来实际体验会更快更有效率地记住。相比打开书本、图纸看到的内容，在现场实际感受到的内容会更丰富，在记忆中也会留下更深刻的印象。据说人脑会根据自己所期望的形式来改变记忆的内容。为了确保收集到的信息的正确性，不仅要在脑中记住，更要以实体的方式记录下来。使用复印机复印、亲手做出笔记和草图、把数据保存到电脑上、相机和摄影集拍摄到的照片和影像，以及录音机录下的声音等都是可用的方式。

■ 综合使用上述方法，不断确认记忆的内容、反复回忆，从而让记忆能够更持久更深刻。

表1

把记忆转移到实体媒介上的案例

分类	媒介	种类
文档	纸媒介	● 笔记本 ● 备忘录 ● 原纸 ● 裁切物
	电子媒介	● 储存器（包括网络上的云服务） ● 碟片
声音	电子媒介	● 储存器 ● 碟片
图	纸媒介	● 原纸 ● 印刷品 ● 速写
	电子媒介	● 储存器 ● 碟片
影像	模拟信号	● 胶片 ● 打印 ● 磁带
	电子媒介	● 储存器 ● 碟片
其他	纸媒介	便签

令人印象深刻的建筑物案例

加尔各答市区街道的建筑（印度）
殖民地时期留下的设计风格。各层阳台
风情各异，令参观者心情愉悦。

马拉喀什的民宅入口（摩洛哥）
类似于日本的所谓垂帘式样的光亮调
节方式。小枝权细密排布，但是阳光从
缝隙中投射下来的感觉令人格外舒适。

回廊的魅力在于列柱的连
接形式上，而阳光投影在地
面的图案更是给这魅力锦
上添花。回廊的另一个魅力
就是可以看到更深处的景
色。虽然只是列柱简单连接
起来的式样，但是这种向着
深处无限延续的感觉却令
人心生美好。

埃洛拉的石窟寺院（印度）
阳光照射到列柱深处的一瞬间，立柱一
面的高光的连接感美不胜收。

栏杆扶手部分的编织结构
精细别致，已经超越了防止
栏杆倒落的简单作用，而是
可以当作装饰部分看待了。

同里退思园（中国）
砖瓦屋顶建筑上手艺人打造的装饰物
美观感人、百看不厌。

013 结构的思考方式

■ 在进行建筑设计的过程中,脑海中始终要有很多东西。尤其是建筑上有些什么样的力,以及在建筑中是如何传递的,这一点很重要,需要时常复习。

■ 建筑上的力有内部产生和外侧施加两种。内部产生的比如有建筑自身的重量(固定荷重)、建筑中的家具道具和住在其中的人的重量(积载荷重)组成。外侧施加的力主要是风的压力(风压力)以及地震的振动力(地震力)。而在降雪地区还需要考虑屋顶积雪压力(积雪荷重)。

■ 结构计算中,力的传导方式分为纵向的力(垂直荷重)和横向的力(水平荷重)两种。斜向的力也分解成纵向和横向来考虑。纵向的力主要是固定荷重、积载荷重、积雪荷重。横向的力主要是风压力和地震力。垂直荷重作为长期恒定的作用力(长期荷重),而风压力和地震力则作为不恒定作用的力(短期荷重)考虑。

■ 规划中的建筑物能否承载上述的力,需要按照规定的结构计算来确认。

■ 如果你立志成为外形设计师的话,那么锻炼一下自己看到建筑的平面图、剖面图或者立面图等的比例就可以做出有否问题的判断能力为好。为了达成这个目的,反复观察大量的建筑案例,掌握协调的比例感就是一条捷径。

■ 过去的案例中,谨慎规划过承载力后的作品往往看起来会呈现出钝重的比例,反之极端收束的比例中为了保证承载力就会用上各种技巧,这些案例都可以作为培养自己感觉的参考。

照片1

木结构的结合处(模型)

照片2

木结构的框架(模型)

图1

第1章
设计师的思考

建筑中基本的力的种类和方向

● 垂直方向及水平方向的力

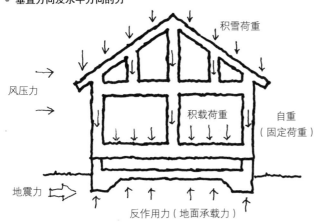

积雪荷重

风压力

积载荷重

自重
（固定荷重）

地震力

反作用力（地面承载力）

建筑的结构中，力（荷重）的施加方式可以从垂直及水平两个方向来考虑。而斜方向的力则可以通过平行四边形的原理来分解成垂直力和水平力。

● 施加在部位上的力

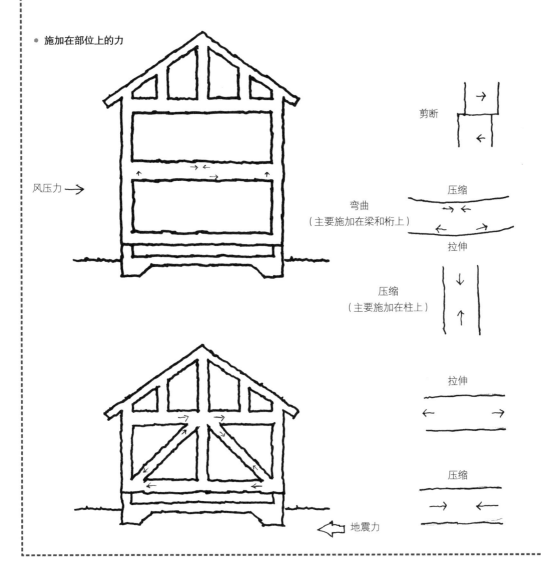

风压力

剪断

压缩
弯曲
（主要施加在梁和桁上）
拉伸

压缩
（主要施加在柱上）

拉伸

压缩

地震力

014 培养比例感

- 在建筑设计工作中会频繁地使用到"比例"（Scale）这个词。比例这个词在不同的场合会有各种不同的意义。在建筑中的比例通常是建筑等对象物的高度、宽度、长度、厚度、宽敞度、体积等相关的感觉，以人的身体为基准去感受并理解。

- 建筑设计是对人使用的器具（建筑）做规划的工作。因而决定建筑的宽度、高度、长度等比例的时候，要以人使用舒适、居住舒适的尺寸为本。怎么样的尺寸会给人什么样的感受、能否被人所接受，这种感觉能力有时候就需要预先掌握了。

- 掌握这种感觉的过程就称为培养比例感。对比例的感觉因人而异，不过也有黄金比例这种为许多人所认同的比例存在。

- 培养比例感可以从用卷尺测量身边的各种结构物开始。为了能够时常测量，不妨就把卷尺放在口袋中随身携带。同时也可以配合自己的手长和步幅等来大概测量比例。最近也有许多可以用来测量的标尺类手机应用，可以用于简单的测量，不过为了能够掌握比例感，还是推荐亲手测量为好。

- 掌握比例感的要点是不要忘记良好感受的场所以及对象等带来的体验。不过在使用自认为舒适的比例后反而失败的体验也是切不可忘的。由于自己亲身体验的机会非常有限，作为辅助如果可以积极活用友人和他人等的体验也不失为一种方法。

照片1

走在路上的时候就测量一下护栏的高度，以此来收集人和车之间的关联物的尺寸。

测量身边的物品。比如自行车的坐垫高度。

行走舒适的台阶也可以测量一下台阶高度和踏板宽度尺寸。

测量室内的凸墙宽度。

照片2

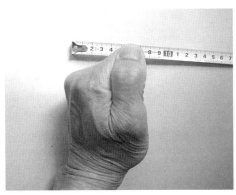

知道自己握紧的拳头的宽度和厚度尺寸的话，可以用来测量缝隙等狭窄处的内部尺寸。

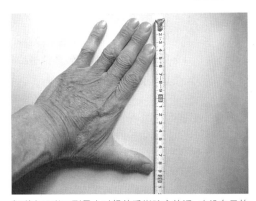

知道自己张开到最大时候的手指跨度的话，在没有尺的时候也可以替代直尺使用。

照片3

知道自己自然跨出的一步的步幅会非常方便。建筑师铃木恂先生就把这个单位定义为"步"。

两手左右平举时候的宽度就基本等于人的身高。

单手向上伸直时候的高度大约是身高的1.2倍。可以用来测量屋顶的高度情况。

竹尺

COLUMN

直尺现在基本上都是用塑料和金属制成的，然而以前直尺普遍是用竹子制成的。切面有竹筒原有的弧度，长度为300 mm，宽度将近30 mm，厘米刻度刻在两侧。轻便顺手，用久之后手上的油脂浸透而呈现出各自独特风格的玳瑁色。前辈曾经教过我可以纵向剖开直尺，只留下单边刻度来使用（可能是出于两边刻度相同，只用一边就可以的想法）。而把内侧的竹肉削薄一些则可以使直尺具有弹性。拿住一端压在图纸上稍微形成一点弧度，手离开图纸尚有距离而直尺则紧贴在图纸上，使用起来非常方便。在施工现场探讨方案时用来测量没有标记数字的地方时不失为一件神器。

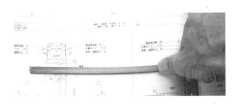

收集金属件的信息

■ 现代建筑在设计和施工上不依赖加工过的金属件基本上就没有办法进展，金属件的重要性可见一斑。从金属件的使用方法来看，有看不见的地方的缘下支撑辅助金属件、人直接接触的地方使用的金属件（锁具和把手等），以及装饰性用品等。这些信息都有收集的价值。

■ 建筑中使用的金属件在由日本国土交通省所整理的《公共建筑工事标准规范》中，对金属工事的项目分成了许多种类说明。而实际中的金属件种类范围要更广泛、更多样。

■ 建筑中使用的金属件分类为建筑金属件、门窗金属件、家具金属件等，以及主要以定制物为对象的特殊金属件。甚至在建筑金属件中还有结构金属件这一种类，这是在木框架结构建造方法（传统结构建造方法）中使用的金属件。"Z Mark标记金属件"（日本住宅・木材技术中心财团的标准）就是这个类别的金属件，在受住宅金融支援机构保障的住宅中，这种金属件的使用

建筑金属件、门窗金属件、家具金属件的样例

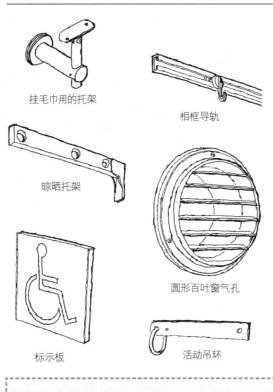

挂毛巾用的托架

相框导轨

晾晒托架

圆形百叶窗气孔

标示板

活动吊环

旗杆金属件

排气罩

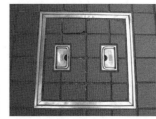

检测口

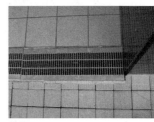

格栅

COLUMN

Z Mark标记金属件（木框架结构建造方法用的接合金属件）

短、平、直角、绞、椽木固定、方形、牵引、角撑、托梁、折角金属件，球拍螺栓，球拍管，护板、山形板，错位钳，粗钉、螺钉、平钉、锚、双头、六角、带垫圈、方根平头、方根六角螺帽，加压螺钉，方形、圆形、小型方形垫圈，榫栓，四角带孔自攻螺丝。其他还有C Mark标记（框架墙结构用的结合件）金属件、M Mark标记（粗圆木结构用的结合件）金属件等。

是附带有额外义务的。这一类信息也需要提前准备好。

■ 门窗金属件则有开关门用的锁、把手、手柄、转轴、自动关门机、枢铰、拉门用的导轨、门滑轮、把手、门锁钩镰、窗户用的窗锁、凸轮锁把手、调整器、转轴等种类。由于种类繁多，为了能选择出最适合于门窗的金属件，这些信息都是需要提前掌握的。

■ 建筑的金属件中，也有和开关门及拉门相似的门窗金属件，不过家具用的金属件的适用对象比例要更小一些，并且处理起来也要更精细一些，因而金属件的制作就会更精巧。家具的金属件中也有一些特殊活动方式的产品，这些也需要事前了解。

■ 抽屉和棚架用的金属件虽然是家具用的独特的产品，不过根据情况也可以转用到建筑上。尽可能通过它们的活动方式来确认并整理出相关信息，说不定什么时候就能用得上呢。

图1

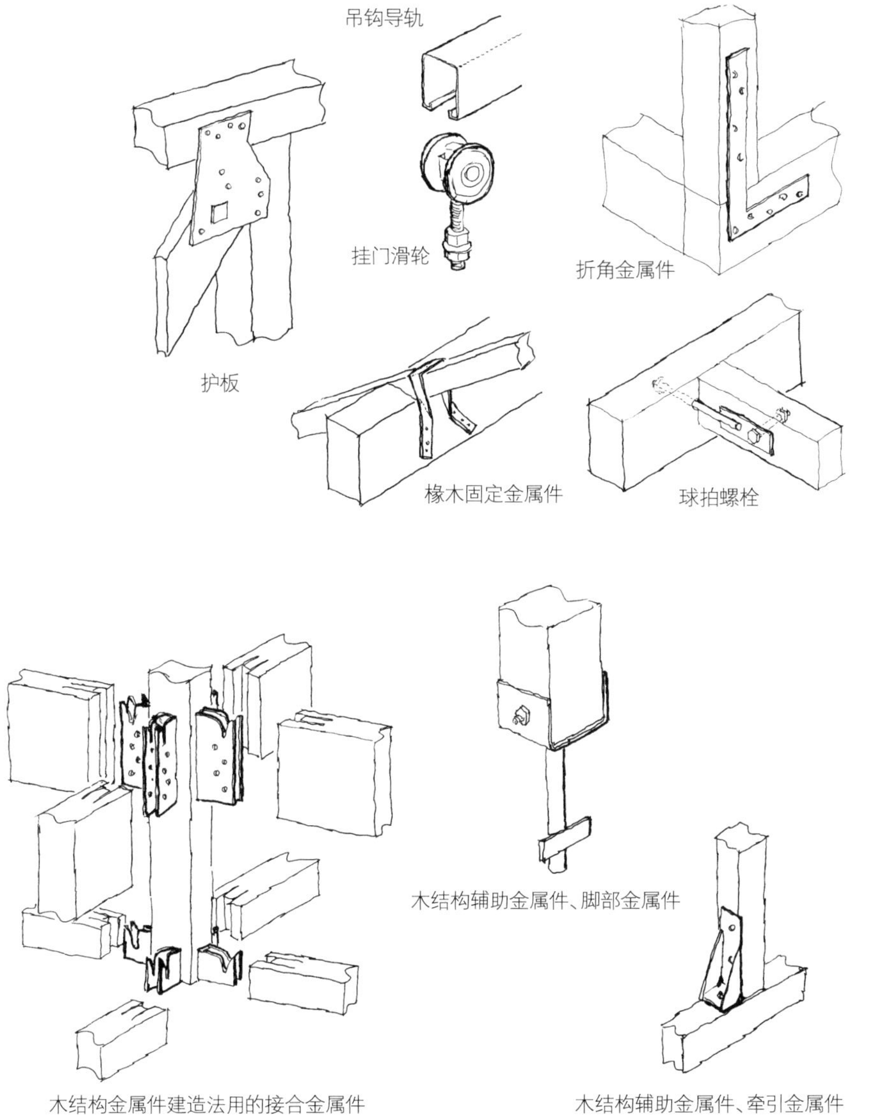

吊钩导轨

挂门滑轮

折角金属件

护板

椽木固定金属件

球拍螺栓

木结构辅助金属件、脚部金属件

木结构金属件建造法用的接合金属件

木结构辅助金属件、牵引金属件

客户咨询窗口集中到一处

■ 客户向设计师提出设计方面的要求有几种方式。后面会提到的《住宅规划意见听取书》最具代表性，其他文档类还有客户的备忘、信件、客户手机的参考图书等的裁剪和复印等。其中内容繁多，直接会面商谈为好。

■ 会面的次数和时间根据客户、设计师各自的时间，以及设计对象建筑物的用途和规模等各有区别。不过，对于客户（包括出席会面的客户方的代表人、代理人）来说，整理客户商讨内容和期望事项的对话窗口负责人只要一个就好。由该窗口负责人把客户方的要求期望传达给设计师，会面结果内容带回去在下一次会面时间前和客户全体进行商讨。如果客户方有多个窗口的话，

一方面所认可的内容可能会被其他方面保留或中止等。有多个窗口的状态下开展设计活动时，往往工作会很容易被打断，会面席位也会包括多个窗口，各窗口间意见也不统一，笔者就曾有过这种情况下工作完全没法进展的经验。

■ 设计对象是住宅的话，会面的时候自然夫妻双方都会到场，但是担任窗口负责人的话一般就是丈夫了。只是当会面内容向厨房周围转移时，听取意见也往往倾向于妻子一方。因为时间没法统一而夫妇分别出席会面的情况也不少，期间就有过"关于这件事情我太太有说过什么吗？"这样的疑问。这样的内容就不需要在会面时讨论，能在家里解决就最好了。

建筑委托方有多个关系人的时候，为了避免各执一词的情况发生，就需要决定一个和设计师一方交涉的窗口负责人。

设计的事前准备

导入施工用地信息

■ 对于设计来说设计对象呈现在眼前的时候，最开始需要做的工作有三件。其一是收集、整理建筑所要使用的施工用地的信息。如果有预先准备好的资料的话，需要对内容再次确认。笔者就有过对于到手的信息囫囵吞枣不加辨别就开工，最后得知信息出错而返工的痛苦经验。

■ 关于施工用地首先要确认其所在地（也就是地址）。一般来说地址是作为住宅标示使用的，但是在建筑设计时还要按照地区编号来标示。日本住宅标示基于法律需要带有市村町的土地编号，地区编号则是法务局按照每块土地给予的编号，标示内容会有差异。地区编号和住宅标示的对应关系可以在市区政府及登记所等的《住宅标示地区编号对照住宅地图（蓝图）》上确认。

■ 确认好施工用地的所在地后，就要比对测量图（正交视图）和实地的实际状况了。这时候也需要进行邻接地边界和边界立柱的状态，以及方位等的确认。一般的地图上标示的方位是磁北，而在设计时需要的是正北的信息，这个也要预先确认好。

■ 出发去现场的话，可以确认一下前方道路的位置、宽度、斜坡和施工用地的高低关系；记录下道路侧沟的状态、电线杆和室外灯的位置及标示的记号；确认燃气管道、供排水管道的位置等。另外，燃气管道等的具体信息（位置、埋设深度、管径等）之后可以向相关部门确认。

■ 在现场还可以对周围环境进行观察、调查。相对于周边来说是不是低地势之类，可以之后通过日本国土地理院发行的《土地条件图》（通过土地的自然条件等相关基础资料等制作成的灾害地图基准）来做确认。施工用地和周围的大型树木的位置，以及种类信息也可以在这个时候收集一下。

表1

规划对象施工现场相关的调查内容

项目	内容
市区街道化区域	• 市区街道化区域还是市区街道化调整区域
道路区域	• 建筑基准法方面的规定 • 公共及私有地边界 • 管道连接条件 • 指定规划道路 • 指定道路后移 • 指定墙面后移
用途地域	• 指定内容和限制 • 建筑覆盖率 • 容积率
高度限制	• 绝对高度限制 • 道路斜线 • 北侧斜线 • 邻接地斜线 • 遮阳限制 • 是否有指定高度地区以及限制
防火地区	• 指定防火地区
其他的都市规划	• 都市规划设施 • 土地调整事业
规划区域	• 地区规划区域 • 建筑协定区域
其他限制	• 开发 • 住宅开发 • 悬崖 • 河川
供水管道设备	• 埋设管道的管径、位置、深度
下水管道设备	• 是否合流，是否合并 • 埋设管的管径、位置、深度、斜坡方向

以上是政府机关处调查得到的信息。
以下是通过各相关部门和行业处调查到的信息。

土地的登记	• 土地的登记簿、其他
消防设备	• 应有的消防设备
电视广播	• 攻击设备的内容、范围。接收信号的方法、其他
燃气	• 种类、摆设燃气管道的位置、深度、管径、其他
电力	• 电线杆的位置、杆上变压器、其他

※ 施工用地边界分为公共、私有地边界，以及私有地和私有地边界等。前者参考《公共私有地边界》，后者称为《私有地与私有地边界》。

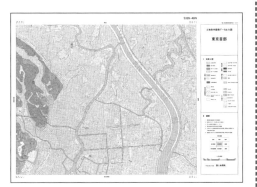

图1

施工用地相关的各种图纸样例

为了得到施工用地当地信息就需要确认各种地图数据。为了能确认建筑设计中必要的地区编号就需要用到《蓝图》,为了确认土地周边的状况就需要国土地理院发行的《土地条件图》。另外,各地方出版的灾害对策用的《灾害地图》也可以在收集信息的过程中起到作用。

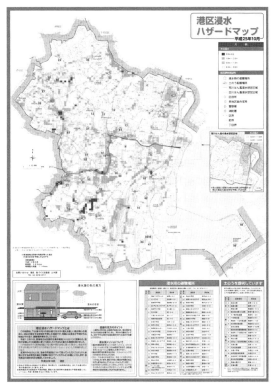

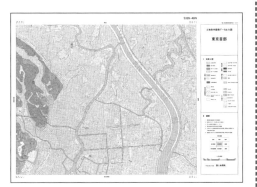

土地条件图的样例

为了能够提供在防灾对策,以及土地的利用、保护、开发等的规划策定中必要的土地自然条件等的基础资料,由国土地理院制作而成。主要记载有山地、丘陵、高原、低地、有水部分,人工地形等。图例为《东京首都》。

灾害地图的样例

为了预测洪水、海啸、火山喷发等带来的自然灾害,将受灾范围地图化之后的产物。可以预测灾害的发生地点,受灾的扩大范围,以及受灾程度等,地图上还标有避难路线和避难场所等。通常由各市区政府制作而成。比如东京都的《港区浸水灾害地图》。

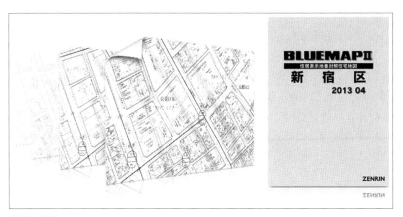

蓝图的样例

可以从住宅标示简单查到登记所中的地区编号的地图。把住宅地图上的公图内容和都市规划信息等重叠起来,以蓝色来印刷,因而称为蓝图。

照片提供:ZENRIN

018

导入客户信息 [1]

■ 设计初期必须要做的第二个工作就是收集和整理与委托设计的客户（业主等）相关的信息。

■ 客户一般在承接设计之前都已经见过面了，对方是什么样的人应该也有了一个大致的印象。但是为了能够设计出令客户满意的建筑来，就需要收集更详细的信息了。

■ 比如最重要的有这个建筑是由谁、因为什么目的而建、将如何使用三点。还要确认使用者有着什么样的生活方式，在此之前对于同样用途的建筑有过什么使用经历等。并且对于设计的建筑印象（规模、外观、设备等）有着什么样的期望等都需要知晓。

■ 这些信息基本上都是通过耳朵听来收集的，为了防止漏听或遗落笔记内容等情况发生，一些需要准备的对策有：可以通过IC录音机把对话内容记录下来，更切实的方法是准备好文档来让客户填写上。文档可以下功夫去尝试不同问题，要确保需要询问的内容不能遗漏掉全部填写进去。为了能够填写文档，客户也需要整理确认对于自己（或者自己群体）所委托的建筑的思考和意见等，因此对于客户来说也是非常有意义的一个机会。

■ 信息的收集不止于此，还需要寻访建筑的使用者（客户等）现在使用的（居住的）建筑。通过这样的方式，就可以了解到在文档中没有记载的信息（比如本意），以及漏填的部分。又或许客户填写了和实际情况不一样的内容。确认好这些以后，就可以进行更加细致的设计了。

住宅规划确认文档的格式样例（文档1~文档5）

这里列出的是宫胁檀建筑研究室的文档样例（整体由文档1~文档10组成）。

其中文档1~文档5是由客户的基本信息、建筑中必要的房间，以及其期望印象等归纳而成的文档。

这个过程中就需要考虑如何准确把握客户的生活方式。用耳朵去认真听客户讲述现在是如何使用、以什么样的方式在生活，以及以后想要过什么样的生活。

过去在什么地方经历过什么样的生活对于生活方式的潜意识也会造成影响，一定要认真聆听。

文档3

住宅规划调查书-3　　　　　　　　　　199307 改

II 家庭整体（现状）

不要忘记确认这个项目

现在住宅	1.自宅 2.租赁 3.其他	1.独栋 2.公寓 3.高层 4.其他	1.木结构 2.钢筋混凝土结构 3.钢架结构 4.其他
居住体验	当前家庭的居住体验经历		
	丈夫曾经的住宅（ 岁为止）	之后	
	妻子曾经的住宅（ 岁为止）	之后	
家庭成员每个人对			

房间和家庭公用空间的使用方法可以从这里知晓

家庭成员整体的生活	家庭成员整体的对话 话多	
	在什么场所、房间	话题中心是
	是否全家人一起吃饭 早饭	晚饭 休息日
	是否边吃饭边看电视	遥控器掌握在谁手中
	家庭成员整体的来客（多、少、什么人）	会客场所
	丈夫的来客	会客场所
	妻子的来客	会客场所
	孩子的来客	会客场所
	是否留宿	频率如何
其他		

从夫妇各自的居住体验，确认对新建住宅整体的期望（印象），以及家庭成员各自的生活方式（预定）等

图1

第2章 设计的事前准备

文档1

住宅规划调查书-1　　　　　　　　　　　199307 改

会面日期 年 月 日 时～ 时
会面人　客户方（ ）
研究室方（ ）
确认

最重要的是要确认客户的联络方式

确认一下通过什么样的方式知道了事务所

Ⅰ 个人资料

委托人	
住所	
工作场所	
会面责任人以及联系方式	
家庭构成	
规划的起因	
知道研究室的起因	1、看了杂志、单行本 2、通过人介绍 3、看到了研究室所设计的住宅 4、其他

委托方的规划概要	建筑用地地址			
	家拟住用地面积	㎡	期望的建筑规模	㎡
	概算施工费用	元	资金规划	1、自己承担 2、银行融资 3、公共融资 4、公司融资 5、其他
	期望的设计			
	期望的结构	混凝土结构 1、纯木建筑 4、混合结构 5、其他	建筑用地导览略图	
	工事范围	1、只有建筑本体 2、包含设备 3、包含家具 4、包含造园		
	期望的施工或者竣工时间	年 月开始 或者 年 月结束		
	委托的涉及范围	1、基本设计 2、实施设计 3、工事监理 4、造园设计 5、家居设计、选择		
	布局图、开口部等的资料	有 无 测量图 有 无		
	特别标注			

确认预算

确认业务范围和建造时间

文档2

住宅规划调查书-2　　　　　　　　　　　199307 改

Ⅱ 单个家庭（现状）

夫	年龄 岁	工作内容、工作地点		年收入
	兴趣			学历
妻	年龄 岁	工作内容、工作地点		年收入
	兴趣			学历
子女	男 岁 岁 岁		女 岁 岁	以后的规划
其他同住人		使用人		1 同居 2 寄住
丈夫的生活	工作时间 左右	回家时间	是否带工作回家	
	回家后做什么		当时的服装	
	休息去做什么			
	晚上喝酒吗？	喝点什么	在哪里	
妻子的生活	工作的时候 左右	回家时间	在家的特别兴趣爱好	
	喜欢做家务吗			
	照看孩子吗			
	经常外出吗			
	服装是日式还是西式	在家时	外出时	
	拿手的料理是什么			
子女的生活	一天平均的活动、回家时间			
	父母对孩子的期望			
	未来的规划（留在家里、别居）			

客户以夫妇为中心考虑，确认夫妇的工作和日常生活方式等。同居的孩子年龄较大时，需要确认内容要和夫妇一样

文档4

住宅规划调查书-4　　　　　　　　　　　199307 改

Ⅲ 规划-1

必要的房间	1 起居室 2 厨房 3 餐厅 4 夫妇卧室 5 家务房 6 书房 7 儿童房间 8 浴室 9 洗漱间 10 厕所 11 客厅 12 其他		
起居室	大小 张榻榻米左右	和其他房间的关系	能否和餐厅一起
	如何使用（聚会、茶会仪式等）		
	如何接待来客（只有熟人、孩子也一起之类）		
	是否另外需要家庭活动场所（茶室）等		
	计划摆放的家具等		
	特别注明		表面材料方面的期望
厨房	大小 张榻榻米左右	同时使用人数 人	1 一直 2 有时	式样 1 独立型 2 半独立型 3 开放型
	订购器具等	1 水槽 2 微波炉 3 电磁炉 4 净水器 5 冰箱 6 洗碗机 7 其他		
	收纳方面的期望		
	特别注明		表面材料方面的期望
餐厅	式样	1 独立型 2 半开放型（和起居室连接、和厨房连接） 3 开放型（餐厅厨房、起居室和厨房）	
	特别注明		表面材料方面的期望
夫妇卧室	大小 张榻榻米左右	式样 1 和室 2 西式房间 3 夫妇共用型 4 夫妇分别用	挡雨门 1 不需要 2 需要
	想要并存的房间和角落等	1 储藏间（步入式） 2 书房 3 化妆室 4 厕所 5 起居空间 6 其他	
	特别注明		表面材料方面的期望
家务房（多功能房）	大小 张榻榻米左右	在这里做些什么	
	必要的设备		表面材料方面的期望

有必要的房间名、主要的房间（确认起居室、厨房等公共空间部分的期望印象）

文档5

住宅规划调查书-5　　　　　　　　　　　199307 改

Ⅲ 规划-2

书房	大小 张榻榻米左右	式样 1 独立型 2 并存型（和起居室、和卧室） 3 角落型（在起居室中、在卧室中） 4 其他	
	特别注明		表面材料方面的期望
儿童房	这次的期望	1 每一个人 张榻榻米左右 2 公用的卧室 张榻榻米左右 3 不需要 在 就寝	将来的期望 1 每一个人 张榻榻米左右 2 公用的卧室 张榻榻米左右 3 扩建	将来（成人后）的用途
	特别注明		表面材料方面的期望
其他房间1	大小 张榻榻米左右	用途	
	特别注明		表面材料方面的期望
其他房间2	大小 张榻榻米左右	用途	
	特别注明		表面材料方面的期望
其他房间3	大小 张榻榻米左右	用途	
	特别注明		表面材料方面的期望
浴室	大小 张榻榻米左右	式样 1 独立型 2 厕所+洗漱间一体型 3 其他	表面材料方面的期望
	浴缸 1 和洋折中 2 和式 3 西式	浴缸材质 1 铸铁搪瓷 2 木 3 合成树脂 4 瓷砖 5 其他	
	特别注明		
洗漱间	大小 张榻榻米左右	洗衣机 1 放 2 不放	洗面台的式样
	特别注明		表面材料方面的期望
厕所	式样 1 西式 2 日式	希望安设的位置	
	特别注明		表面材料方面的期望

再次确认对各房间的期望印象。这里以卧室和儿童房等私人空间部分为中心

导入客户信息 [2]

■ 这里要介绍住宅规划确认文档的格式样例，实际上是其他事务所所使用的格式加上笔者在进行设计时增加了修订之后的实际样例（A4尺寸10页内容组成）。也可以作为野外使用的手册使用。文档从客户的个人档案到预定建筑地的现状信息，要按照次序无缺漏地填写进去。

■ 个人档案中，需要记录从出生到现在的居住体验，以及现在工作日和休息日的生活方式等详细内容。根据笔者的经验，在听取对于将要建造的住宅期望的时候，能够促使设计进展的一些提示会意外得多。特别是到成人的阶段的居住体验对于住宅和居住方式的印象起着决定性的作用。

■ 其次是文档的主要部分，关于新建住宅的期望的记录。为了能够明白客户的想法，一般来说就要照顾到所有家庭成员。为了防止遗漏，有时候就需要以各房间区分来确认，而有时则要询问每个人对于住宅整体的期望印象如何了。并且内装和外装要分开，设备要归纳重点去确认，事无巨细详细记录是最重要的。

■ 有些客户因为频繁搬家，所以适应了各种各样的住宅，对于新宅提不出什么特别强烈的意见和要求，设计师方面如果当时也不努力一下的话，以后再出问题就为时已晚了。

■ 而有时候为了能够继续使用已经使用了许久的东西，就需要做一些额外的工作保证新家里不会出现死角，旧物和新装也能协调一致。这方面也需要仔细探讨一番。

■ 预定建筑地的现状是房地产中介的重要事项，在记录客户的言语的同时，设计师方面也需要再一次做确认。

住宅规划确认文档的格式（文档6~文档10）

文档6~文档10主要需要确认建筑外观相关的期望印象、询问对于采用的设施类的期望，以及调查客户预定带入新居继续使用的家具类的详细情况。最后是要确认建筑地的概要情况。

通常来说，需要注意的是客户关于设备的期望会倾向于过大。客户希望带入新居的家具类列表栏会不够用等，这时可以复印增加文档用纸数量。文档6~文档10由客户来填写往往会比较困难，因而就由设计师方面来代为填写。

文档8

住宅规划调查书-8　　　　　　　　　　　　199307 改

IV 带入的家具列表

请把现有的、准备带入新居的家具测量后填入表内。可以放入库房内的物品请标注○。

名称	宽cm	高cm	进深cm	颜色·材质	放置的房屋	可以储藏	特别注明
1.							
2.							
3.							
4.							
5.							
6.							
7.							
8.							
9.							
10.							
11.							
12.							
13.							
14.							
15.							
16.							
17.							
18.							
19.							
20.							

自行车、摩托等也填入表内

在此详细填写在新家要继续使用的家具和搬入物品。厨房的料理机器器具等会占据相当多的行数

图1

第2章 设计的事前准备

文档6

住宅规划调查书-6　　　　　199307 改

Ⅲ 规划-3

库房（储物间）	大小	张榻榻米左右	希望安设的位置	
	特别注明			
车库（停车位）	车辆数量	1.大型 2.普通 3.小型 4.其他　　辆	将来的规划	
	式样	1.规划在建筑本体内 2.独立（屋顶有（无）3.其他		是否给宾客使用
外部结构	门		屏障	植栽
	特别注明			
外部表面材料	屋顶			
	墙面			
	门窗部位			
	特别注明			
对住宅的期望印象（多选）	1.和风 2.西式 3.和洋折表（　　）风格 4.摩登 5.古典 6.朴素 7.民艺风 8.宽敞 9.紧凑 10.有个性 11.合理 12.悠闲 13.明亮 14.幽深 15.开放 16.封闭 17.华丽 18.沉稳 19.静谧 20.有趣 21.重视外观 22.重视内装 23.重视设备 24.重视空间 25.重视建造费 26.重视维护费 27.抗震性 28.耐火性 29.隔热性 30.隔音性 31.其他			
整体方面的期望				
备注				

再次确认对各房间的期望印象。这里要以收纳、外部结构、外观，以及对住宅整体的期望印象为中心做记录

文档7

住宅规划调查书-7　　　　　199307 改

Ⅲ 规划-4

设备整体	1.安装费用（机器和系统）以经济性为中心考虑 2.使用费用（维护管理费）以经济性为中心考虑		其他		
取暖	期望的方式	1.全部房间使用暖风取暖 2.地暖 3.使用加热地板等的辐射取暖 4.使用被炉的局部取暖 5.其他	期望的热源	1.电力 2.燃气 3.燃油 4.其他	
制冷	1.喜欢 2.厌恶	期望的方式	1.兼具取暖、除湿功能的空调 2.专用制冷		
取暖制冷的安装位置		起居室	厨房 餐厅	夫妇 卧室	家务房 书房 儿童房 客间 其他
	取暖				
	制冷				
厨房设备	操作台的材质	1.不锈钢 2.合成树脂 3.其他	水槽材质	1.不锈钢 2.铸铁搪瓷 3.其他	水槽数量 1.单个 2.两个 3.需要
	加热热源	1.燃气炉 2.电热 3.电磁 4.其他	炉灶数量	1.两个 2.三个 3.四个 4.其他	1.高温燃气炉 2.需要
	烤箱	1.不需要 2.需要	烤箱种类	1.独立型 2.炉灶一体	烤箱热源 1.燃气 2.电力 微波炉 1.不需要 2.需要
	关于冰箱、冷冻柜				
	关于洗碗机		关于净水器		
	其他				
浴室设备	热水方式	1.直火加热浴盆 2.邻接浴盆热水器 3.燃料热水器 4.锅炉（瞬间、蓄水型）供热水 5.其他			
	热水状态	1.普通 2.气泡热水 3.24小时热水 4.其他	热源	1.燃气 2.燃油 3.其他	
	龙头金件	1.浴缸龙头 2.莲蓬头	附属品	1.毛巾架 2.收纳棚 3.肥皂架 4.镜子 5.其他	
	关于桑拿设备	1.不需要 2.需要	大小约 人用	其他	
电力设备	期望的电话系统		电话机放置场所		
	电视接收信号	1.VHF 2.UHF 3.BS 4.CS 5.高清	接收器放置场所		
	关于家庭保安系统	1.不需要 2.需要	系统内容		
其他					

详细确认对于设备的种类、内容、式样等的期望。有些设备更新换代比较快，需要特别注意

文档9

住宅规划调查书-9　　　　　199307 改

Ⅴ 建筑用地

地址	地名及土地编号				
	住宅标示				
交通					
建筑用地	面积　㎡	倾斜度	边界石	土地类别	1.住宅地 2.农用地 3.山林 4.其他
	公图　有 无→申请处		地质数据　有 无→调查委托方		
道路	公私　m	公私　m	公私　m	规划道路	
	铺设	侧沟	倾斜度	和建筑用地的高度关系	
周边状况未来预测					
确认建造申请联络方					
地域、地区等	用途	1.第1种低层住宅专用 2.第2种低层住宅专用 3.第1种中高层住宅专用 4.第2种中高层住宅专用 5.第1种住宅 6.第2种住宅 7.准住宅 8.临近商业 9.商业 10.准工业 11.工业 12.工业专用 13.未指定用途	建筑基准率　% 容积率　%		
	防火	1.防火 2.准防火 3.未指定 4.其他（法22条等）	都市规划区域内（市街化区域、市街化调整区域、其他）都市规划区域外		
	其他区域、地域、地区、街区、协定				
现况（建筑用地）	现有建筑　有 无→规模、结构		门、围栏	树木	
	邻接建筑物		通风		
	日照		噪音		
	其他				
现况（设备）	电力/电话/电线杆位置、电线杆记号、引线方向、供给公司联系方式				
	燃气（都市 GAS·LPG）/埋设管径、位置、供给公司联系方式				
	供水/管设管径、位置、供给公司联系方式				
	排水/有公共下水道 放流方式/管设经、位置、供给公司联系方式				

协商并确认包含在和房地产商交易时的重要事项（预定建筑地的地名、地区编号、面积、法律限制、燃气、供水、排水、电力等的供给状况）

文档10

住宅规划调查书-10　　　　　199307 改

Ⅵ 建筑用地图

道路、树木、电线杆、临接住宅、现存房屋、建筑用地和道路倾斜度、高低差、进入住宅的方向、方位。

电力、供排水道、燃气的引入位置、通风方向等均需注明，并附上资料图。

记录预约建筑地的地形、方位和周边情况等。这里需要一些专业知识，因此由客户和设计师一方共同完成

■ 在收集完关于设计对象的具体信息之后，首先要整理出来都收集到了什么样的信息。比如收集到的信息是否有重复、是否有不足、新旧信息是否冲突等，按照项目来分类或许是个好办法。

■ 为了能确认信息正确与否，再去一次收集信息的现场是一个比较切实的方法。届时不仅是要确认现有信息，还要更深更详细地挖掘，并仔细查看是否有漏记的部分。既然难得到现场一次，就一定要有效利用好时间。

■ 建筑设计这个工作，是把想要做的事情在自己心中充分消化，然后以收敛的形式表现出来才具有意义；只是把了解的知识一项项罗列出来不能称之为设计。

■ 经验尚浅的时候，推荐先把设计对象的条件整理好，同时在这些条件中筛选出具有可行性的候选事项，精练1~3点再去实行。比如完美控制平面布局的比例、尝试精确的动线规划、尝试着木材料的完美使用等课题。其中一项可以完美实行的话，就可以认为对这一项已经做过相当程度的消化思考了。这样一来下一次设计就可以转向另一个课题了。这样不断反复训练后，就渐渐能够把握住较高密度的设计活动了。

施工用地信息归纳到一张稿纸上的样例

围绕着施工用地的边界线，常常会卷入到与邻居之间的矛盾、没法确定施工用地位置等难题中。相比在新开发的住宅地上，子孙代代居住的地方需要重建住宅时发生的可能性会更多一些。

这些问题不解决的话工作也没法进展下去，但是因为是客户和邻居之间需要解决的问题，设计师方面也不便插手，但是如果收集好必要的信息之后，在受到委托时就可以比较积极地协助客户解决问题了。

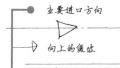

主要进口方向

向上的倾斜

通往施工用地的入口是决定玄关位置的重要条件

施工用地边界线的确定至少要有四个角的位置

建筑用地内绿化众多

视野方向如有可能还要确认一下2楼高度的情况

预先确认施工用地地基现状以及和道路的关系

图1

以可以拿到的施工用地测量图为基础,在A3稿纸中央部分以1:50~1:100的比例画好施工用地、周边道路、方位等备用。

将其带到现场,把现场得到的信息(邻居的状况、视野方向、施工用地和道路的现况、电线杆和窨井盖的位置、日照状况等)也写上。

具体来说,可以一边确认以下内容一边整理着写下来。

- 通过确认周边的车站和主要道路入口方向来决定门和玄关的位置、建筑外观式样等必要信息。
- 确认邻居的建筑位置和植栽状况,作为平面布局规划的重要信息来源。
- 确认施工用地的形状,为了能够确认施工用地的面积,必须预先确认其边界线。
- 对于施工用地内想要保留的树木等,要记下位置、形状等信息。

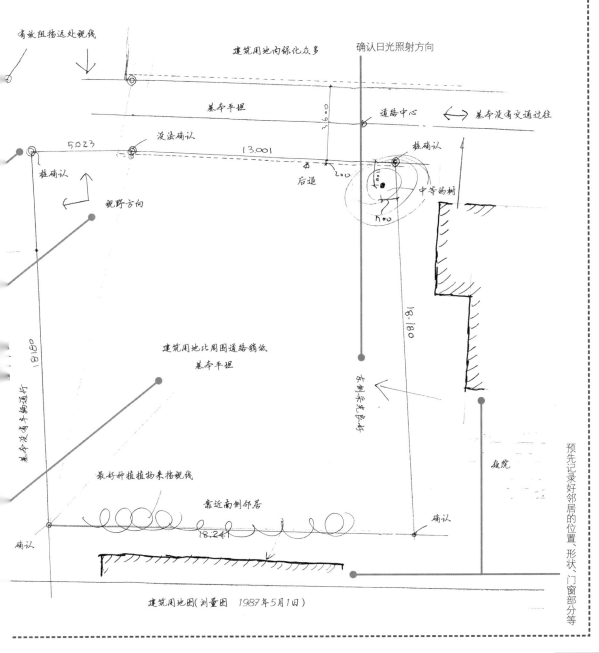

建筑用地图(测量图 1987年5月1日)

整理优先顺序和可以完成的事项

■ 作为委托设计的一方所给出的期望内容要全部给予满足是一个原则问题。但是整理客户所给出的条件、确认其内容时，由于时间、预算和法律等限制，有时候很难全部给予满足，甚至说不可能做到。这种情况下就要和客户沟通，各种期望要按照什么优先顺序排列来着手完成。而需要客户来决定的设计方向中，就有预算、时间、布局中哪一个要最优先遵守的问题。

■ 这些是在设计进展中最基本的出发点，一定要听取客户的意见。当然找出问题点来帮助客户选择就是设计师的工作了。客户精炼出对于建筑的期望条件后，设计师需要整理出来并整合相关人员的各种意见，这时候使用前面提到的《住宅规划记录文档》就是一个有效的方法了。最好事先准备好格式备用。

■ 这样就可以确认好需要做的事情的优先顺序，其后再把客户所给出的优先级较高的条件和设计师自己考虑的高优先级项目重合起来，再一次整理后就可以平滑地开展之后的设计工作了。

■ 设计工作需要从给定的条件中找出最佳答案，不断收束可行性事项的条件可以更清晰易懂地看到必须要做的工作的范围和程度，工作也会更容易进展下去。

■ 常有人说条件越是苛刻、可行范围越是狭窄的时候，设计才更容易进展下去。这是因为选择的方向被限制了之后，就不会晕头转向而能集中开展工作了。反之，条件放宽之后，能做的事情也多了，选择也更多容易陷入迷茫，工作反而更难进行下去了。

表1

按优先顺序排列客户期望样例

优先顺序		内容
1	以客户最期望的事项为最优先	这时候要慎重确认这次项目的款项资金由谁承担，要用作什么用途等，以承担数额较高的客户的期望为优先考虑
2	选出可以放在竣工后做的事项	在项目预算超支的时候可以留作以后进行的事项备选
3	在预算允许范围内取得平衡	考虑平衡使用预算是设计师的工作
4	考虑法律条件	一定要在法律法规允许范围内开展项目
5	考虑施工用地和周边状况	无视施工用地和周边条件的话项目就没法进展

表2

给可行事项标注优先顺序的样例

优先顺序		内容
1	客户的期望	设计因客户需求而存在。自然要最优先考虑
2	法律条件	优先考虑法规范围内能做的事项。需要主管部门认可的内容要充分交流确认
3	施工用地条件	地基条件改良工作等不可避免时，会给预算组造成很大的影响，一定要尽早确认
4	预算	建筑本体工事以外必要的费用、支付时间等归纳之后，要把建筑项目的总资金规划告知客户
5	工期	项目整体印象出来后要和施工方面沟通，设定好必要的工期，根据客户的时间再进行调整

表3

第2章 设计的事前准备

可行事项和不可行事项样例

项目	可行事项、可行条件	不可行事项、不可行的原因
施工用地条件	地基改良	地形变更
	住宅地开发	面积变更
满足客户的期望	预算内的事项	违法违规事项
		无视施工用地和周边条件的事项
法律条件	法律法规范围内的事项	违法违规事项
预算	预算内的事项	预算外的事项
工期变更	天灾等不可抗力事件发生时	设计师、施工方擅自延长
	得到客户许可时	

表4

住宅建筑中必要的费用样例

分类	详细	内容
土地购买费用		
建筑本地工事费用(包含消费税)		
手续费、保险费、担保费		终结手续费、等级手续费、融资手续费、住房贷款担保费、担保事务手续费、火灾保险费、团体信用生命保险费、过渡性贷款资金(定金)
建筑建造确认申请费		申请费、代办手续费
检查费用		中期检查、竣工检查、地质检查
地基情况调查费		
地基改良费		
设计监管委托金		
税金	印花税	
	消费税	
	许可登记税	土地所有权转移登记、建筑物所有权转移·保存登记、抵押权设定登记
	房地产取得税	土地、建筑
供水引入费(不包含工事费用)		
仪式费用等		奠基仪式、框架完成仪式、慰问左邻右舍
乔迁费用		打包费、搬运费、大件垃圾处理费用
临时居留费用		
建筑物拆除费用		
外部结构工时费用		大门、围栏、入口、停车位、储物间、植栽
家具等的购买费用		家具、窗帘、帐子、照明、家电、地暖、空调,以及工时费用
燃气、供水道、下水道安装工事费用(不包含引入费)		
住宅瑕疵担保责任保险		保险费、手续费
变更、追加工事清算费用		

有些项目包含在建筑本体工事费用中,在计算合计费用的时候按照建筑本地工事费的15%~25%去考虑就好。

■ 新建筑建造到使用之间，设计和资金管理以及各手续等要按照一定的工程流程来。这不是设计师或者客户某一方单独的事项，而是需要两者一同配合完成的。要预先制定好一个日程表，确定各个事项在什么时候必须完成。

■ 设计中的主要工程是按照设计咨询→设计合同→基本设计→实施设计→建筑建造确认→工事费用预算调整→工事监管的流程来进行的。虽然是以设计师为中心开展工作，但是其中很多地方都需要客户一同帮助完成。

■ 资金管理（预算）虽然以客户为中心来做准备，但是考量时要按照总费用来计算。具体项目包括了本体工时费、附带设备费、各种费用（临时居住、乔迁、现存建筑拆除、地基调查、仪式费用、设计费用、税金、手续费等）、外部结构工事费、额外或追加工事费、内装工事费、设备机器费用等组成。合同、设计、工事交付中，什么时候大概需要多少现金这类，往往是由设计方告知客户的。设计和建造等相关部分大多是由设计方作为客户代理去执行。什么时候需要进行什么手续也要预先共同确认。

■ 另外，将以上的事项，由设计方按照日期制作成的双方相互关联的总日程表，也就是工程表，可以交给客户查阅。在工程表中可以明确告知客户在什么时候需要做些什么，大概会有多少需要支付的费用。

■ 另一方面，设计师一方通过工程表可以清楚知道什么时候需要做些什么，整体的进度管理也会更容易，并且可以减少项目回炉的情况发生。这样的工程表不仅可以让客户更安心，设计师自身在工程监管中也会起到一定作用。

设计工程表样例（以住宅为例）

业主（客户）方面
确定和设计师会面的时间
决定是否委托设计
确定和设计师会面的时间 准备好建筑施工用地概要资料 准备好表明期望的资料
支付动员费
家庭成员填写住宅规划文档并交给设计师 施工用地测量、高地测量、测定正北、地质调查、现存物体测量、周边测量等，必要而没有准备的事项以报告书的形式提交。没有经验的话可以和设计师商谈
取回基本设计方案，与家庭成员讨论
确定和设计师会面的时间
取回修正方案，与家庭成员讨论
认同基本设计后，确认进入下一个阶段
支付基本设计费用的尾款
参观展示厅等收集信息
领取实施设计图 支付实施设计费用 支付申请手续费
就合同工事金额会面商谈
决定施工单位 准备合同印花税 举行奠基仪式
举行框架完成仪式
支付中期监管费
支付设计监管费尾款

表1

项目阶段	大约天数	设计师方面
设计商谈		
		记录客户意见
		决定是否承接设计委托
		记录客户意见 确认设计方面的期望、条件、方向性等
设计监管委托合同范本		• 制作设计监管委托书、承接书 • 制作大致工事费用、设计监管费的估算报告 • 制作工事相关可能会产生的所有费用估算报告 • 制作设计和工事日程表 • 准备住宅规划文档 • 根据设计监管费用的计算报告收取费用
开始基本设计	0 天	收集设计需要的资料（施工用地调查、施工用地周边调查、政府机构调查、地基调查等） 资料不足的时候需要安排介绍相关工作人员 在政府机关的负责窗口确认法律条文以及条例和纲要等内容
		• 确认电力、燃气、电话等相关机构 • 为了确认客户期望，拜访客户现住所。有必要的话记录需要搬入新居的家具的尺寸及数量 • 决定以后和客户频繁沟通的工作负责人
最初的演示	约 30 天	提交基本设计第一稿 准备好 1：100 的平面图、立面图、剖面图、外观的透视图，以及粗制模型（体块模型），说明自己的构思
听取意见		听取关于提交方案的讨论结果 再次确认客户期望，并确认提交方案的修正方案
下一次演示		提交参考前一次记录结果后的修正方案，对其作出说明，和客户期望不断磨合
听取意见		反复这一步直到客户满意为止。过程中也可以使用电话、信件、邮件、传真等方式来进行
基本设计结束	约 90 天	根据设计监管费的计算报告来收取基本设计费用的尾款
开始实施设计		• 放大图纸比例，与客户的各期望条件整合，就更细节的方向和客户讨论、磨合 • 和结构、设备负责人会面商讨 • 与政府机关、相关机构的负责窗口人商谈并确定相关事宜 • 进行外部结构规划方面的磨合
听取意见		• 向客户报告进展状况。有必要时见面听取意见并作说明 • 设计基本确定时向客户报告并进行确认 • 进行建筑建造确认申请等法律手续的准备工作
实施设计结束	约 120 天	根据设计监管费用的计算报告收取实施设计费用
提交建筑建造确认申请		应答关于申请内容方面的质疑
向施工单位咨询报价		应答关于设计内容方面的质疑
提交工事报价书	约 140 天	向客户报告并确认预估内容
调整预算		基于预估内容的确认和施工单位协议
确认申请审查结束	约 150 天	取得建筑建造确认书副本 向客户报告预估内容确认的结果
工事承包合同		签订合约
工事开始	约 170 天	制作施工图并做确认
工事监管		制作监管报告书并提交。必要时和客户会面商谈 制作会面商谈议事记录并确认内容
	约 200 天	根据设计监管费用的计算报告，收取中期监管费用
竣工检查		
政府机关检视		接受检查
交付	约 360 天	制作竣工交付凭证并提交 根据设计监管费用的计算报告，清算设计监管费用并收取尾款

■ 日本侦探相关的电视剧中常会出现"现场100回"的说法。意思是"搜查遇到瓶颈时，不妨先到现场去。现场一定会有搜查的线索"，当然重视现场工作并不仅仅是侦探界的专利。

■ 对于设计建筑的人来说，建筑的施工用地充满了设计着手点和其他信息。设计方案遇到困难时，不要拘泥于眼前的数据，一定要到现场去看一下。现场信息以立体的方式呈现出来，很多事情可以看得更详细，也更容易确认设计的要点。设计师在现场往往会找到手头数据里所没有的信息，给设计带来一丝灵感。

■ 现场查看要尽可能在不同时间、不同天气或者不同季节条件下进行，条件越多样化收集到的信息密度越大且准确的概率越大。可以正确反映在设计上的话，设计本身也会更完善。

■ 去现场查看时，也要一并注意现场周边的道路和建筑的状况。比如道路凹凸不平、有裂痕、道路边的护栏歪斜等情况可能就意味着这一带的地基有缺陷需要引起注意。而有机会和以前就住在附近的人对话时，也可以获得关于以前周边状况如何演变，台风等造成的强风暴雨，地震发生时周边状况如何，以及大型车辆通过附近时会造成什么影响等信息。短时间从现场得不到的信息可以在这时候充分收集一下。

■ 现场查看必备的随身用品方面不要忘记准备，如手表、地图、室外用的手册、笔记用具、相机、卷尺（大型）、指南针（指针手表也可以代替，但是没有阳光的时候就不能参考了）等。

建筑建造现场的施工用地以及周边样例

最近的数码相机都有了全景功能，不妨利用一下。全景照片可以在施工用地的中心以360度连续拍摄的方式获得，拍摄时相机的高度和角度要保持稳定，拍摄的画面之间保证实际场景间2 m左右重合的间隔为好。

360度中肯定会出现顺光和逆光的画面，曝光设置调整一下固然正确，但是摄影时是多云天气而不是晴天的话就不用过于操心了。

建筑建造现场视察的必备品

相机

指南针

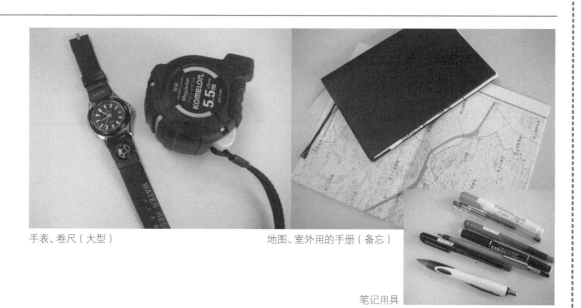

手表、卷尺（大型）　　　　　　　地图、室外用的手册（备忘）

笔记用具

行动起来[2]

■ 建筑是由人和人共同协力完成的作品。从设计开始到建筑完成交付，期间实际上会遇到许多人。建筑设计中和人交流的内容不外乎要使互相之间在新设计、新建筑方面的思考能达成一致。

■ 这个起点就从和客户（业主）的会面开始。客户往往不止一个人，设计住宅时就要和客户的所有家庭成员见面，从每个人的想法开始着手。同时也要把设计师的想法传达给每个人。为了充分沟通，随着工作进展时常会面也是不可欠缺的。

■ 期间也要和许多建筑法律法规等相关人员打交道。设计的建筑的用途、规模、场所等各有不同，相关窗口负责人的数量也会不一样。其中包含相关机构的职员加上电力、燃气、供排水管、信息相关设备等民间企业和管理团体的负责人。和他们要充分沟通意向，防止手续方面的反复。

■ 建筑工事开始后，就需要和在现场进行施工工作的工匠会面了。建筑相关的职业种类有40~50种，根据建筑规模、设计内容及工事进展会频繁接触到这些工匠。为了能使他们理解设计意图，并且站在他们的角度上思考问题，会面商谈是必不可少的。

■ 在设计工作开展的时候也会和提供建材的从业者和店家会面。和他们会面商讨时需要确认材料的物质性和特性等，充分理解材料的开发意图后，才能掌握材料的正确使用方法。

表1

在建筑建造时会面的人的举例

- 客户：委托人、委托人家庭成员
- 政府机构
  建筑科：建筑指导科、建筑审查科、都市规划科、开发指导科
  环境对策科、废弃物对策科、文化遗产对策科、道路科
  登记所（法务局）
  供水管科（局）、下水管科（局）
  消防署：预防负责人
  土地家宅调查员
- 经营单位
  电力公司：地区负责人
  燃气公司：地区负责人
  民间审查机关：负责人
  金融机关：负责人
- 施工店：代表、现场负责人
- 工匠、技术人员
  高空作业人员
  起重机操作员
  打桩工
  土方工程人员
  木工
  框架木工
  粉刷匠
  水泥工：厂方负责人
  　　　搅拌车负责人、泵车负责人
  　　　切削工
  石工
  屋顶工匠、瓦片工匠
  电工：强电负责人、弱电负责人
  供排水卫生、排管工（水管工人）
  空调、换气：空调工、管道工
  瓷砖、砖块工、石工
  水泥块工匠
  钢架工匠
  钢筋安装工匠
  焊接工
  路面工匠
  铁皮工匠
  玻璃工匠
  涂装工匠
  喷涂工匠
  防水工匠、薄膜防水工匠
  内装工匠
  墙纸工匠
  细木工
  榻榻米工匠
  金属门窗工匠、窗扇工匠
  板工
  园林工匠、花匠
  造井师
  消防设施工匠
  测量师
  地基调查师等

1楼楼板张贴施工例

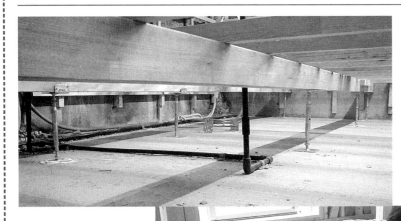

夯实基础的水泥上方通过钢制立柱支撑,架设龙骨和格栅。

格栅上铺设用作于楼板基础的结构用胶合板(厚板)。

在楼板上划出地板分配线,通过黏着剂和钉子(钉钉器)铺设。

考虑到地板材料的伸缩性,横向连接处留有一张纸厚度的缝隙。

决定记录和保存的方法

■ 和相关人员会面商谈的内容、工作内容，以及调查内容等都需要记录下来。记录的目的是为了保存起来防止遗忘，还可以用来和有关人员共享信息做确认用，有利于工作平滑开展。

■ 记录不确定的时候，就会产生说过没说过之类的争议，对会面商谈内容的理解产生偏差，导致工作不得不回笼甚至停滞下来。在任何一个工作环境中议事记录都是很重要的。把记录内容传达给有关人员的方法有多种。以往通行的办法是在纸上记下笔记（或者使用IC录音机录音），其后在会面商谈记录用的格式纸张上手写转记或归纳，再用邮寄或者传真的方式传达。一般来说确切保存记录内容的方法是复印填写好的格式纸张，现在又增加了把笔记内容输入电脑通过邮件传达的方式。

■ 对于设计师以及分发负责人的保存来说，可以把格式纸张归档到时间序列的专用文档里，这样就可以随时取出查阅了。而通过电脑、储存器或者DVD等电子数据的形式也可以用来保存记录内容。这样做之后再搜索和排列等就会相当方便了。不过考虑30年跨度的长期保存的话，途中也可能发生数据丢失或者没法读取之类的问题，需要做好相关对策。

■ 另外，对预算和工程等进度有影响的事项要特别注意。需要及时告知所有相关人员。建筑设计和施工现场的工作是以决定下来的事情为条件一步一步往下执行的，时机出现问题后，之前已经发生变更的事项就要整个推倒重来，对工程会造成很大的影响。

表1

电子记录媒介例

种类	详细	机器·媒介
卷带型	磁带	MT
盘片类型	磁盘	HDD(硬盘)FD(软盘)
	光盘	CD(高密度光盘)
		DVD(数字多功能光盘)
		BD(蓝光光盘)
	光磁盘	MOD
储存器类型	闪存	SSD(固态硬盘)
		USB(通用串口)
		SD记忆卡

表2

数字储存媒介的优点、缺陷和长期保存对策

优点、缺陷和长期保存对策	内容
优点	媒介储存密度高，数次擦写数据也不会有损失，可以保持高画质、高音质等
缺陷	不耐湿气、磁场、灰尘、紫外线、电击
	寿命有限。制造媒介基材用的聚碳酸酯寿命据说是20年左右。SD记忆卡等半导体芯片中的数据在5~10年后会因为自然放电导致数据丢失
长期保存对策	定期管理数据。转移到新的记录媒介上或者更改成新的记录形式
	打印到纸上

设计的基本方针

设计的基本是合理

■ 收集信息的阶段结束进入到设计接管阶段后，需要确立工作进展的大致方针。这时候不管老手还是新人，一般来说基本上就是按照前人的惯例来做。不要勉强做不合理的设计，换个说法就是正常设计，不要卖弄技巧。

■ 通过设计条件认为这次情况特殊，感到不得不寻找一个比较奇妙的解决方案时，也请先在前人经验中寻找解答的方法。这样可以大幅降低失败和麻烦的风险。

■ 需要下功夫的地方，比如门把手安装位置要考虑人进入时的方向；房间入口的门应该向着房间内而不是走廊侧打开，打开的门要能够紧贴墙面；安装窗户的同时也要根据通风采光和视野，选好尺寸和位置等。

■ 为了让建筑看上去更酷而设计得不合理这种事情没有做过吧？无视必要的耐久度和结构强度的建筑设计是绝对行不通的。

■ 不合理不仅仅是说比例和融洽度相关的事项，也用来表示预算分配相关事宜（比如在设备上投入太多金钱等）、建筑材料使用相关事宜（为了看上去豪华而使用大理石等）等，需要引起注意。

■ 顺便提一句，遵循惯例来设计建筑并不意味着魅力全无。认真观察客户的日常生活和生活方式，仔细探讨客户需求，然后把能让客户觉得"这才是我家"的想法化为实体才是设计的本质吧。

遵守住宅设计的10条惯例

1. 入口

2. 玄关

3. 走廊

4. 起居室、餐厅

5. 厨房

6. 浴室

7. 厕所

8. 房间门

9. 楼梯

10. 多功能花园

图1

| 距离 | → | 玄关不从正面进入 | → | 可以考虑圆弧形、曲柄状入口 |
| 道路、施工用地边界 | → | 尽可能制造高度差 | → | 采用缓坡入口 |

| 平开门 | → | 向内开启 | → | 注意水泥地空间和排水斜坡 |
| 移门 | → | 考虑门的重量 | → | 讨论上方悬挂用金属件的安装 |

| 直线 | → | 不止作为道路使用 | → | 考虑墙面的利用和采光等 |
| 曲线 | → | 能否通过大型物品、轮椅 | → | 避免直角转脚 |

| 出入口 | → | 不打扰室内安静环境 | → | 不穿过房屋对角线 |
| 主要外部门 | → | 出入方便 | → | 全平、全开放 |

| 排气 | → | 遮住防漏 | → | 排气之外另外安设换气扇 |
| 布局 | → | 需要考虑易用性和整洁性 | → | 考虑使用者的用手习惯，以及冰箱和用餐场所的连接。加热设备应设置在餐桌附近 |

| 送风 | → | 尽量考虑温和的送气方案 | → | 冷空气流控制在体感不到的程度 |
| 洗涤场所 | → | 排水性能要好 | → | 和地暖结合使用，地面材料也要用心斟酌 |

| 洗手盆 | → | 设在室内 | → | 尽量避免和坐便器一体的形式 |
| 男用小便器 | → | 尽可能安设 | → | 不要采用简易型，而是安装一般墙上型号 |

| 移门 | → | 打开后收在房屋一侧，或者使用隐藏结构 | → | 外露的时候可以直接把立柱当作框使用 |
| 平开门 | → | 向着房间一侧开启 | → | 向着不直接看穿房间的方向打开 |

直线	→	注意滚落	→	采用较缓的坡面，两段设置防滑措施。安设扶手
曲线	→	楼梯平台要方便易用	→	转角平台尽可能不设台阶
螺旋	→	考虑物品搬运	→	尽可能采用大半径，大型物品搬运则准备好其他路径

| 方便门 | → | 考虑晾晒场地等和门的位置关系 | → | 考虑邻居和道路向着屋内的视线 |
| 库房 | → | 可以用来堆放可回收资源、垃圾等 | → | 不妨碍方便门和停车场 |

简约即是美

作为进行建筑设计时的基本方针，我觉得简约也是一个要点。简约和减少要素可以同时考虑。

例如减少使用的建材种类后，建筑外观也会显得更简约。减少使用的材料种类后，涉及这些材料的工种（工匠）也能相应减少，这也是一种简约。比如说设计一个木结构建筑的项目，工事的大部分就可以由木匠来完成。能够减少工种的话，工事进展和调整也可以更平滑，工期可以缩短，外观上也可能更加统一。

简约的一个好处是可以让建筑的外观看上去更美观，规模较小的建筑物也可以有较高的存在感。减少要素虽然可以控制成本，但也并没有绝对联系。

为了能够简约化，通常要先退一步，一边观察设计整体的平衡一边推进工作。精力只集中在一个一个细小部分的处理上，一件一件堆积起来最后满眼望去往往已经是疑难杂症堆积如山无处着手了。

在设计住宅等建筑中，采用简约手法一定要注意不能过度，否则就会呈现出冰冷的空间感而失去生活的气息。在追求简约的过程中，也一定要注意看不见的地方是不是有不合理的问题存在。

另外，简约化表现所需要的细节功夫也一定要跟上，否则就可能招致漏水或者建筑缺陷的麻烦。

通过减少材料达成简约化的住宅

韩国的民宅
韩国的民宅内装以纸材质为主。地面的炕纸因为吸油的缘故表现为黄颜色，墙面、屋顶、门窗、橡木和外框等都张贴有韩纸，外观上呈现出纯白色的简约效果。

简约的设计、繁复的设计

● **简约的设计**
形状单纯。
体积块看起来都较大。
表现素材虽然少，但都具有存在感。
简明易懂。
可以降低成本。

● **繁复的设计**
形状复杂。
添加在躯体上的附加要素多。
表现素材的种类多。
体积块看上去很小。
成本上涨。

函山之家（山崎健一）
大屋顶舒适包裹下的起居室。地面地板以外的墙面和屋顶面，通过粉刷和涂刷呈现出纯白色简约风格。

要素较少的简约形式（照片左边深处的高层建筑）及要素较多的反复的形式（中央的低层建筑）。

以原始尺寸思考

在进行建筑设计时，也请务必把按照原始尺寸思考这一条添加到基本方针里。原始尺寸也就是说1∶1的比例，在考虑平面布局、讨论结构、讨论部件配合时，时常都要有按照实物大小去思考的意识。在现实中，设计工作限于桌面环境限制，只能以实物1∶200、1∶100、1∶50、1∶20等缩小比例来开展讨论。人有被眼前的物品支配，然后以此为基准做出判断的倾向。比如说按照1∶100来开展工作的话，渐渐地视野就会收束，倾向于在1∶100的精度范围内思考问题了。

另外，根据设计对象的建筑规模或讨论的对象部位，有些时候1∶100的精度也就足够了。比如结构体的主芯尺寸、楼层高度等，这些部位上深入讨论数毫米的差异也完全没有意义。然而人手所接触到的地方，人的身体相关的地方，以及和材料有关（结构材料和表面材料的交合处、不同种材料的交合处、材料和水接触的地方）的讨论中，几毫米的差异也要不断在试错中寻找最佳点来推动工作进行。

实物大小的讨论虽然可以在电脑上完成，但是画面显示范围也会受到限制。讨论的时候要一直能看到整体效果，因而在桌面上使用A2或者B2大小的图纸摊开讨论可以让工作进展更平滑一些。讨论范围大致上以40~50 cm边长的方形为好，在纸上进行会比较方便简单。大卷的纸张摊开可以有100~120 cm长，可以用来讨论实物比例。

按照实物比例来考虑的图纸类和笔记

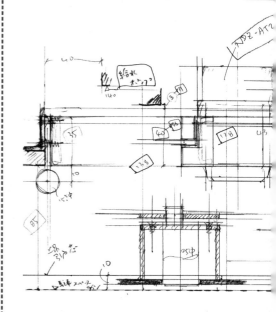

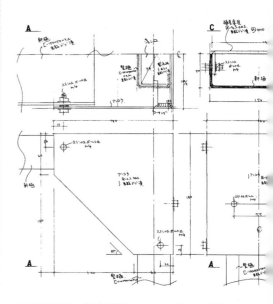

这里讨论的是订制的钢制门窗以及钢制框架的搭配。一边观察需要使用的转轴和锁头的制品图，一边确认搭配方式、外观及易用程度等。

※ 所有图纸实际上都是1∶1比例描绘的。

图1

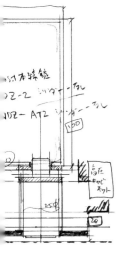

采用现有的轻型钢材制作的住宅排雨沟(屋顶排水沟和纵排水管)的实物比例探讨图。

讨论了镀锌防锈和在现场安装的事项。

使用宽型的沟型钢制外部排水沟尽可能以水平方式安装,同时也可以作为小屋檐使用。

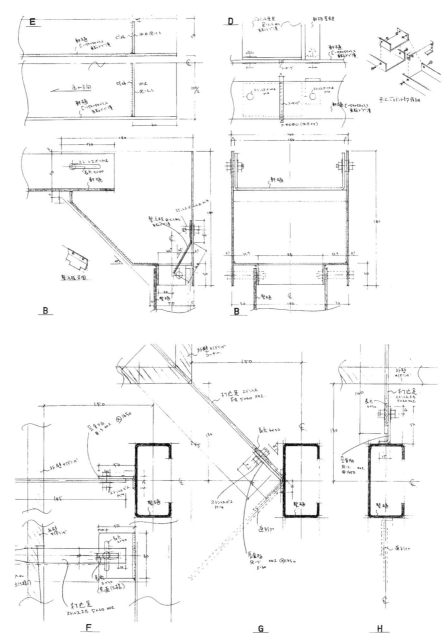

可以借鉴的经验

■ 艺术、工艺和设计的世界中常说"所有的创造都是从模仿开始的",即没有无中生有的创作。建筑设计业界也是从模仿诸多前辈在各种条件下给出的答卷(开展的设计)开始,打好设计技术的基本功的。

■ 在进行建筑设计的时候,自己的设计对象加上诸多条件后,和前辈们当时的情形一定会有偏差,原样照抄虽然是不可能的,但是把案例中的设计手法和思考方式的要素融入自己的设计中的话,就可以逐渐掌握设计的基本技巧。

■ 可以从前辈们的设计案例中学习的东西尚有不少,以住宅为例,平面布局的处理手法(特别是用餐区域的处理手法),与人的生活密不可分的光、火(热)、水、绿(景色)、风(空气)如何有效处理、维护及管理,令人舒适的比例(房间之间、高度方向、长度方向)的形状等,好的案例要多加模仿。

■ 常言道"温故而知新",传统建筑中也有值得学习的方法和思考方式。节能、省资源相关的诀窍,特别是营造手法(不施加人工干预,借助自然力量),其中也有大量可以模仿的先人智慧。

■ 比如夏季和冬季太阳高度不同,可以通过屋檐部分控制照射到房间的直射阳光量,使用竹帘和树木等控制采光通风和视线等,在现在也是非常有效的解决方法。

■ 还有诸如建筑结构对于地震摇晃的解决方法,传统建材的处理方法和收集方法等智慧,自然环境和建筑的和谐相处等,都是可以学习的经验。

照片1

可以采纳的节能手法

绿色的花园夏季可以起到遮光、降温的效果。也可以起到遮挡朝阳视线的功效。

雨水作为室外洒水再利用的案例

照片提供：Nikko Exterior

依然具有利用价值的太阳能热水器

图1

被动式太阳能的思路

被动式太阳能的基本思路就是不采用机械和装置等,只通过太阳高度变化做到夏季防止直射阳光照射,冬季又能利用直射阳光的建筑形式。夏季利用落叶树、竹帘、百叶窗等来遮挡阳光,冬季利用太阳热能来蓄热,这就是被动式太阳能的原理。

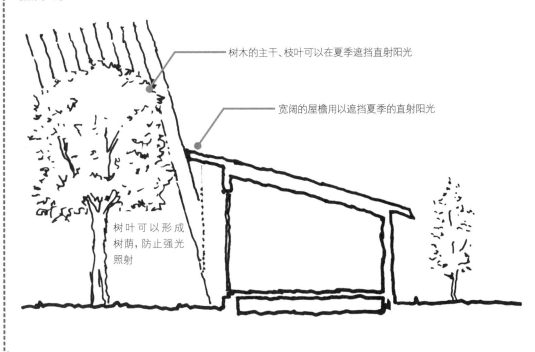

树木的主干、枝叶可以在夏季遮挡直射阳光

宽阔的屋檐用以遮挡夏季的直射阳光

树叶可以形成树荫,防止强光照射

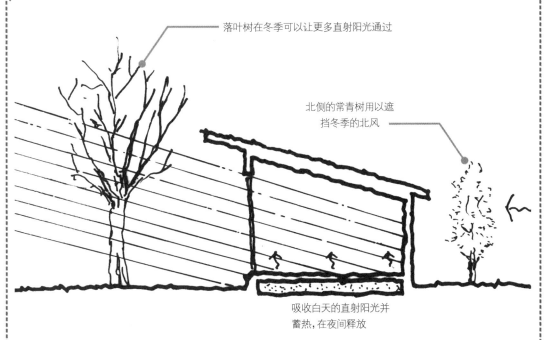

落叶树在冬季可以让更多直射阳光通过

北侧的常青树用以遮挡冬季的北风

吸收白天的直射阳光并蓄热,在夜间释放

材料处理要慎重

- 建筑设计中所采用的材料、机器、系统、施工法、细节等，要以自己惯用且了解的原理、物质性、功能、性能等为基本。在使用之初就要预想到可能发生的变化，如何维护等处理方法也要预先准备好。其他诸如机器、系统、施工法、细节等，能够产生的问题某种程度上也是可以预料到的，也要尽早准备好对策。

- 如果是第一次采用的话，在决定之前要对其原理、规格、功能、性能、物质性等做过谨慎的讨论并核实。

- 厂家所生产的机器和系统在发生故障或误操作等引起故障时，会有二重三重的安全装置起效（所谓失效保护），也就是所谓的防呆设计。在建筑设计中采用机器和系统的时候，可以把安全性交给这些机制，但是在面对新建材的施工法和搭配方法的时候，决定采用的一方需要思考好相应的防呆对策。

- 新建材中合成树脂素材的制品较多，可能对紫外线抗性较差。根据笔者的经验，现在厂家会以以往商品所没有的丰富设计、新功能、低投入、易于维护等作为卖点。然而开发数年后才推出的老产品，10年20年都能经久不衰。有些产品可能2~3年就从市面上消失了，使用起来总是让人不太安心的。

- 对于初次使用的材料，需要借助实物样本确认物质性和特征等，必要的时候还要自行进行室外暴露实验或者到实际使用地方去确认材料状态。另外，向厂方相关技术人员仔细询问这一步骤也最好列入规划中。

- 曾经使用过的建筑材料、机器类、系统、施工法、细节等，再次使用时就因为有相应了解而可以比较安心。在实际操作中也要避免上一次使用时发生的不良状况再次重现。为了防止重蹈覆辙，使用过的素材也要作为初次使用来看待，对其谨慎讨论为妙。

- 不能对曾经用过的产品掉以轻心的另一个原因在于原先对素材的对待方式可能就是错误的。面对非常普通的传统建筑材料，不能嫌弃麻烦，而是要重新去学习以前流传下来的对待方式。

- 就算以前接触过的案例出现过，再仔细一点说不定就会做得更好。比如再次商讨处理方法也许就可以降低成本，或者使用和上一次不一样的素材组合，以及导入新的素材重新研究，这些都是会有价值的。

- 如果入手一种以前设计案例中没有用过的但是性能优越易于使用的新素材，那么用其就可能更完善更简洁地进行搭配和外观表现的设计。比如说高分子系的黏着剂和密封胶等，性能提升就非常显著，能够采用的话可以采用新的搭配方式获得更干净简洁的效果。初次使用虽然必须十分谨慎，但是在安全性能够得到保障的时候，积极采用也是有必要的。以往的事物和新兴事物能够物尽其用才正是设计能力的体现吧。

表1

笔者常用的住宅内装材料

建筑部位	材料种类	使用上的要点
地面	实木地板	宽度上会有伸缩,要留有余裕
	复合地板	在预算许可范围内使用较厚的木皮贴面板
	软木砖	厚度虽然有5~6 mm,但是基底凹凸还是会反映上来,要注意平滑度问题
	油毡纸	成卷舒展需要时间,施工前要预先算好
	簇绒地毯	尽可能使用羊毛系,圈拢型耐久性更好
墙	地板条	以杉木、枇杷木、冷杉、桧木等针叶树种为主
	贴面胶合板	以沉稳的花纹、色调为中心,原则上采用未着色素材
	柳桉胶合板	尽可能选取木纹、色调整齐的素材
	椴木胶合板	尽量挑选接合处无裂缝、整齐的素材,张贴时接合处留有间隙
	织布墙纸	使用有花纹的素材时要以原始尺寸来确认效果
	墙纸	由于具有伸缩性,施工前要和工匠详细商讨
	粉刷	根据工匠的技术水平和经验也可以有很多种表现效果
	石膏	和粉刷相比质感更硬,耐久性更好
	硅藻土	由于是软性材料,人能碰到的地方需要做好维护对策
天花板	天花板条	和墙面类似,但是因为人不直接接触所以厚度等级可以降低一些
	贴面胶合板	可以选用加工好的铺设型天花板成品
	柳桉胶合板	3x6规格板材很难直接采用,可以考虑分割使用
	椴木胶合板	木纹显眼的素材在和室中也很适合
	布(纸)天花板纸	可以使用和墙面一致的素材,不过一般会考虑更光滑的型号

表2

惯用材料

所谓惯用材料,是说本身已经被使用了数十年,经历过时间的检验,并且不仅仅是设计师所熟知,同时也为工匠所熟知的材料。

一般来说传统材料(木、石、纸、布、土、铁)都属于这个范畴。然而要注意,传统材料中也有被新建材所取代的材料、不容易得到的高级品、相应工匠不容易找到、需要从很远的地方取得等状况。

使用新建材时的注意事项:
- 一开始就不要相信卖方的说辞。
- 让对方介绍施工样例并现场观摩。
- 自己确认物质性和组成等。
- 时间有余裕时自行进行暴露试验等。
- 在施工周期较短的店铺等的施工现场试用检验。

031

导入周边道路信息

■ 在建筑设计的信息中，道路是非常重要的一环。"土地"（建筑可用地）必须要连接到道路上才能建造建筑。建筑用地什么位置有多少宽度连接到道路上、道路宽几许、倾斜程度如何、铺设状态是否良好等周边道路的基本信息都是需要导入的。

■ 道路在法律方面的处置（公共道路还是农用路）也需要调查清楚。这些信息在政府机关的道路负责窗口可以咨询到。如果是公共道路需要查清道路编号。清楚道路编号之后，建筑用地的位置也会更易于确认。

■ 施工用地和道路之间的高低差也要调查清楚。不只是道路有倾斜度，施工用地也可能倾斜。道路和施工用地的高度差可以在周边寻找电线杆或窖井盖等较稳定的参照物为基准点（BM），测量多个这样基准点的高度来获得。这个工作需要一定数量的人员和测量道具来进行，因而事前一定要商量好由谁在什么时候去测量。

■ 出发去建筑建造现场时，不仅要调查建筑用地前方的道路状况，这条道路处于什么状态，和什么状态的道路（未铺设道路、狭窄的道路、转角较多的道路、下坡路等）相接也要调查清楚。根据状况还可能要检查工程车辆是否能进入等。即便与建筑用地相接的道路足够宽敞，在途中也可能遇上道路狭窄的情况。4吨的车辆等大型车进不去可能就会对工程整体结构和用车计划产生影响。浇筑混凝土需要的搅拌车和泵车，钢架结构建造需要的起重车等大型工程车辆不能使用时就需要考虑其他替代方案了。随着施工进展可能会需要多辆车进出现场，这时候要预先调查好停车会不会有障碍，以及最多能停几辆车等。

各种窖井盖

下水道用、合流型

供水道用

燃气用

排水用、合流型（侧沟井）

图1

公共下水道地图等的确认样例（由东京都下水道局提供资料）

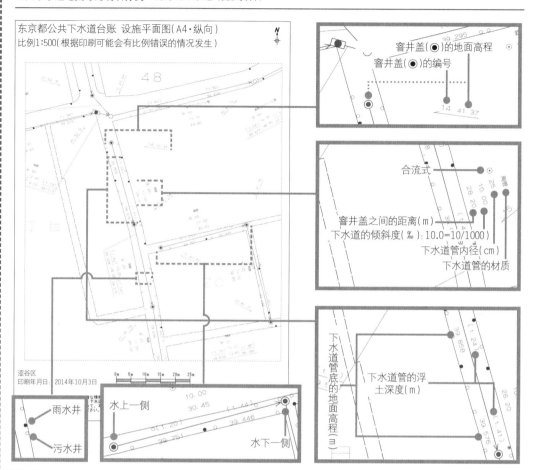

测量现场的边界标示桩的样例

混凝土桩　　　　　混凝土桩

金属板　　　　　　金属钉

第3章 设计的基本方针

导入建筑用地地面信息

■ 建筑用地的事前调查以及信息收集方面，首先要在登记所提供的地图上确认地名和地区编号，确认对象土地确实是规划场所。之后基于测量图来确认土地形状、面基、边界线等，以及地面内部的状况如何都是很重要的。建筑所用的地面状态不好或者说是劣质地面的话，很可能导致建筑地基破损、建筑物倾斜，并成为重大缺陷建筑的原因。

■ 建筑用地如果是填充土的话，填充土没有夯实、厚度不均匀、填埋有垃圾或者工业废弃物等都可能造成地面状况不良。建筑用地上需要建造挡土墙时必须要做填充，填充土施工不良就有可能造成挡土墙排水施工困难。而从稻田或者沼泽等土地改造而来的话，由于地面大量位于柔软的底层上，易引发不均匀沉降。同样的情况也可能发生在谷地和洼地改造而来的土地上。这样的情况都要预先通过地面状况和地质调查来确认好，并采取相应的设计措施。

■ 地面状况调查的方法有很多种，比较常用的是电测深法。将前端设有电阻的棒子插入土中，反复深入并旋转来测得土地中的电阻，来测得深度方向上的土层特性。电测深法也有多种测量方法，代表性的有瑞典式贯入试验和标准贯入试验（钻探法）。采用什么方法来调查土地信息是要根据设计对象的建筑规模和结构等来具体确定的，需要和结构设计负责人具体商讨。标准贯入试验虽然费用更高，但是相对也能测得更详细的数据。

■ 在进行土地状况调查和地址调查时，也需要参考过去对于临近地面的钻探数据及当地政府所制作出来的土地状况图纸。附近一带如果曾被认可为优质的土地状况的话，使用现有的数据有时也能获得相关机关的认可。

表1

土地状况调查中可以了解的事项

项目	内容
调查中的建筑用地和周边地区的状况	● 建筑用地的历史、地形等 ● 邻近土地的钻探数据（柱状图） ● 周边状况 道路、工件、建筑是否有异常 ● 建筑用地状况 是否为填埋土地、排水状况如何、地表面状况、表层土状况、现有建筑是否有异常
调查概要和调查的地方	● 瑞典式电测深调查 ● 钻探式调查（标准贯入试验） ● 表面波探测法
调查结果	● 土层结构 ● 土质、土层的厚度 ● 地下水位 ● 根据N值来测定支撑力
下沉量测定等	● 平板载荷试验 ● 压密实验

● **柱状图**

用来表明某一地点的地面中间状况。从地表到土地中有一定深度，图中记载了其中什么样的土质层有多少厚度，地下水的水位深度等。作为建筑技术设计时的判断资料使用。

● **标准贯入试验（JIS A 1219）**

通过钻探法以1 m深度为单位调查土地强度的试验。具体方法是让63±0.5 kg的锤子从76±1 cm的高度自由落下，测量顶端的采样器进入地面30 cm深度需要的次数。

● **N值**

标准贯入试验中测得的锤击次数值。N值=0表明土地柔软到采样器可以凭借自身重力下降到目标位置。N值≥50的情况下均标记为50。

● **下沉量测定**

地质为黏性土的时候，虽然土地的稳定性基本上没有问题，然而建筑物在经过一段时间后有下沉的可能。因此就要以下沉量和下沉需要的时间为采样基础来测定，并在基础设计和土地状况改良的讨论等时出具。

图1

土地状况调查的实施方法（电测深法）

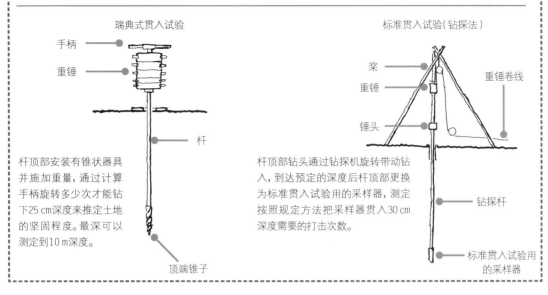

瑞典式贯入试验

手柄
重锤
杆
顶端锥子

杆顶部安装有锥状器具并施加重量，通过计算手柄旋转多少次才能钻下25 cm深度来推定土地的坚固程度。最深可以测定到10 m深度。

标准贯入试验（钻探法）

桨
重锤
锤头
重锤卷线
钻探杆
标准贯入试验用的采样器

杆顶部钻头通过钻探机旋转带动钻入，到达预定的深度后杆顶部更换为标准贯入试验用的采样器，测定按照规定方法把采样器贯入30 cm深度需要的打击次数。

图2

钻探柱状图例

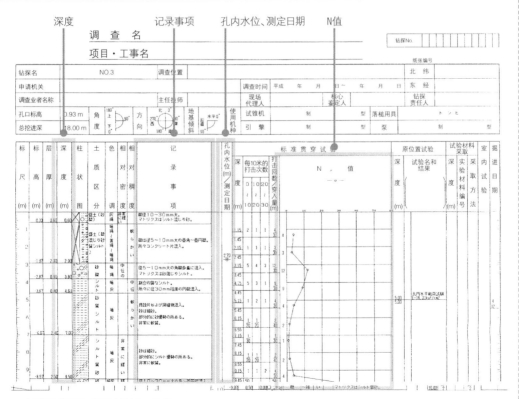

深度　　记录事项　　孔内水位、测定日期　　N值

钻探柱状图中，需要确认以下事项：

- 在什么深度下有什么样的土质（土质区分）的层（柱状图）→"深度"。
- 各层土质是什么状态→"记录事项"。
- 在什么深度地下水位如何→"孔内水位（m）/测定日期"。
- N值超过50的深度中是什么土质。超过50的层厚是多少→"N值"。

■ 拿到土地测量图之后，就可以知道建筑用地是什么形状、和道路的位置关系，以及方位关系如何。在进行设计时要基于测量图来商讨建筑的布局规划。

■ 建筑用地和连接道路以及周边道路间基本没有高度差、均为平坦地面的时候直接以测量图为背景图来推进布局规划也不难。然而建筑用地及道路如果有斜坡、有高度差、建筑用地的形状不是四边形而是多边形等情况下，测量图这种平面图上看到的建筑用地形状就会和实地勘查得到的印象有差。

■ 这样的建筑用地从图纸上看到的和实地勘查得到的印象会有区别，因而一定要到现场做好确认。在设计的阶段这一步是要充分重视的。现场勘查完毕后再推进布局规划是一个基本原则。

■ 测量图是将建筑用地边界线的位置和长度、方位、道路位置，以及尺寸等按照现在状况如实描绘的图纸。这样不免会给人以苍白的印象，主要还是因为建筑用地目前是空地的状态。如果建筑用地有倾斜状况或者有种植树木时，就要通过地面的高低测量来标注等高线并加上树木的位置，这样作为设计资料来说就完整了。这方面可以委托测量负责人来完成。

■《现况测量图》这个说法，表示为建筑用地当前状况的如实描绘，并不能作为用地边界的确定。在申请建造确认许可时可以使用，但不能用作于登记申请。

■ 需要能确定建筑用地边界的图纸时，就需要制作《确定测量图》。这时就需要邻接地的所有者到场一同确认边界并盖章。而公共和私有地的边界线确认还需要政府机关的负责人到场。这方面工作相当花费时间和金钱，还请提前做好准备。

表1

测量调查中可以了解的事项

项目	内容
道路内和道路连接部分的现况调查	• 公共和私有地边界 • 现有的护墙和排水侧沟的位置 • 道路中心线 • 供排水道等的窨井盖位置 • 电线杆、电话杆、室外灯的位置 • 道路排水斜坡及高度差
连接地边界线沿线的现况测量	• 确定并设定边界 • 制作正交数据 • 邻家的外墙线及屋檐位置 • 制作邻家的立面图和日照图 • 妨碍物(树木、储藏间等)的位置 • 建筑用地边界线高度差
建筑用地内现况测量	• 现存建筑物 • 平台等泥土地浇灌混凝土的位置 • 玄关入口、车库 • 供排水道、燃气、店里等的接入位置 • 树木和植栽的位置及高度 • 建筑用地内高度差
测定正北方向	
其他	• 公共和私有地边界线的确定 • 位置指定道路的测量 • 为掌握和都市规划道路间关系而进行的基准点测量 • 根据河川法进行的护岸断面等的测量 • 特殊用途地区边界线的测定等

● **公共和私有地边界线**
公共用地和私有地之间的边界线，比如一般的私有用地和公共道路的边界线。

● **日照图**
将建筑投影以时间为单位画出来的平面图。一般在保证住宅地日照条件的《日照规制》中使用。

● **位置指定道路**
虽然是私路，但也是建筑基准法所承认的道路。位置指定道路的指定需要符合几条规定，比如宽度要在4 m以上等。

● **基准点测量**
为设置基准点而进行的测量。基准点是指在地球上的位置经过精确测量的点，因为在面积测定的时候可以作为位置基准参考。

表2

从建筑用地上确认的事项

确认事项	确认内容
方位	即便手头的测量图上标有方位,要用指南针重新再做确认。知道磁北之后就可以推断出正北方
地势	确认一下在周围整体之中,所用地面是洼地还是小丘陵或者倾斜地势
前方道路	需要道路的宽度(不足4 m时就要考虑建筑后撤事宜)及斜坡、铺设状况等。并确认是否凹陷、龟裂、下沉等
高低差	需要确认建筑用地内的倾斜程度,建筑用地和前方道路间的高低差,以及邻接地之间的高低差等
道路连接宽度	建筑用地和前方道路连接处的宽度要确认有2 m以上。旗杆状的建筑用地中,杆状部分的长度也需要做确认
有围墙时的注意点	确认高度和式样,围墙的位置是在建筑用地边界线之内还是在邻接地一侧,是否有跨过边界线等
邻家的状况	需要确认建筑用地边界线到邻家的距离;邻家窗户的位置、形状、大小,并确认换气口和设备的室外机位置等
公共设施	确认供排水道、燃气接入的位置和连接位置、电线杆的位置、电线杆记号等
雨水处理的方法	需要确认是单独处理还是合流处理,是否在侧沟放流等
视野开放的方向、可见物	必要时要设立临时的框架用以确认2楼高度的视野状况
周边的景观	以街区为单位确认建筑外观(高度、设计、表面装饰等)及植栽状况,探讨和街区风格的和谐性
现有的树木	需要确认建筑用地内现存的树木的种类和大小、位置等,以及前方道路的行道树的种类、位置、大小等

使用全站仪来测量的案例

在测量地形的时候一般采用平板测量法。在三脚架支撑着的平板上直接作图虽然方便,但是容易受到风雨的影响。最近使用全站仪这种测量机器的方法取代了平板普及开来,照片上就是其案例。

通过这个方法,以往分别测量的距离和角度可以同时记录下来,之后也可以导入电脑做其他各种用途使用。给测量工程节省了大量的时间精力。

导入临近设备信息

■ 要预先整理好建筑建造用地临近的设备状况信息。

■ 首先要了解周边道路上的公共设施(供水、排水、店里、燃气等)和建筑用地以什么方式连接。比如可以使用的供水种类是水道水还是井水,下水道的总管埋设位置、深度、管径、水压等,如果需要新设接入的话,费用和手续等也要认真调查清楚。在现场搞不清楚的状况要去水道局相关窗口咨询清楚。

■ 另外还需要确认好排水部分的水是否重新利用,重新利用的话和雨水处理的关系如何,净化槽方案的话排放位置归哪里管等问题。

■ 电力方面需要确认好建筑用地的电力从哪里引入,连接建筑用地的道路边如果有电线杆的话会不会影响到停车空间等。这时候能有电线杆编号的话,之后在和电力公司碰面时就可以用上。而调查电话和闭路电视等信息时,也要确认是否可以接入宽带业务。

■ 燃气方面也有许多需要调查的地方,比如是采用都市燃气还是液化气(LPG),如果是都市燃气则需要多少供给热量,总管道的位置、深度、管径又如何等。我觉得在现场能够了解的事项并不那么多,基本上都要事后再到各相关窗口详细咨询。

■ 其他和道路相关的行道树、垃圾堆放点、公交车站、交通量、震动及噪声等状况也要作为设计资料预先调查清楚。

■ 公共设备以外的,比如邻居的状况、出入口位置、停车空间的位置、和隐私相关的门窗位置、室外机等设备机器的位置、植栽状况等,都要详细记录。

照片1

电线杆编号样例

表1

可以起到作用的近邻信息

- 供水:止水栓和闸阀等的窨井盖附近会埋设有供水管道。
- 排水:可以通过窨井盖来判断合流还是分流。
- 燃气:通过观察周边的建筑物可以知道是否有都市燃气供给。
- 电力:记录电线杆等的位置,通过电线杆编号查明管理方。
- 行道树:确认位置、高度、枝杈张开程度、种类等。
- 垃圾堆放点:可能会设定在空地前。需要预先商讨能否移动位置。
- 车站:如果在建筑用地前可能会影响到整体规划,需要事先和联络方沟通。
- 交通量:根据前方道路及临接道路的交通量,可能会有噪声及震动带来的影响。
- 震动及噪声:道路以外,比如邻近地区有工厂、幼儿园等也会成为震动及噪声的来源。
- 邻居:门窗部位的位置和大小、空调室外机的位置、植栽的位置和大小都需要一一确认。

调查临近的设备布局状况

房间、建筑物布局及入口处的规划都会受到前方道路和邻居状况很大的影响。一定要提前调查好邻家的屋外布置、设备机器的位置和状况、停车空间的位置、道路的垃圾堆放点和公交车站的位置等。

邻家的屋外设备　　　　　　　　　　　　燃气表　　　　　　　　　　天然气罐

垃圾堆放点　　　　　　　　　　　公交车站

和邻居的边界　　　　　　　　　邻居的停车场

导入气候信息

■ 人所创造的东西、每天的生活作息、对事物的思考方式都会受到所居住的那片土地的气候、地形、地质、景色等，所谓"风土"的强烈影响。在日本国内因为各地独特的文化差异使得风土也会有很大的不同。

■ 建筑设计会受到当地风土，特别是气候的强烈影响，因此尽可能多地收集一些建筑预定建造地的气候相关信息吧。

■ 在日本包含建筑预定建造地的一片广范围内的气候信息可以通过日本国立天文台每年编撰出版的《理科年表》查到。理科年表中大量记录了过去30年间的气温、降水量、相对湿度的月平均值、降水量的最大值、气温的最高与最低值、最大风速的信息等。

■ 需要提炼一下更小范围的区域信息时，不妨询问管辖该区域的气象台。根据场所不同，风向数据会有很大的差异，通过收束地区范围来提高精度，可以得到更可靠的信息。

■ 在读取《理科年表》的记录时，不仅要看最高值和最低值，也要注意数值是否有上升或者下降的倾向，可以推测出是否有周期性变化等，对未来做预测时可以用得上。又比如所谓百年一遇的暴雨在近几年也有频繁出现的倾向，作为设计条件的一环，对于未来气候的预测是不可欠缺的。

■ 建筑预定建造地的具体采光和风向等会受到周边状况（是否有高台、洼地，近邻是否有高层建筑等）影响，一定要亲临现场做好实地确认。近邻的建筑状况也可能因为改建等原因在数年后截然不同，在尽可能的范围内也要调查一下是否会有这样的可能性。

表1

理科年表中可以查到的信息

项目	内容
时间相关	● 日出和日落的方位、时间 ● 日南中高度 ● 潮汐时间
天文相关	● 大气组成 ● 太阳能量的波长分布
气象相关	● 气温的平均值、最大记录等 ● 降水量的平均值、最大记录等 ● 风速的平均值、最大记录等 ● 最多风向的平均值 ● 相对湿度的平均值 ● 日照时间的平均值 ● 积雪的最深记录 ● 台风 ● 主要的气象灾害
物理相关	● 能量换算表 ● 物质密度 ● 膨胀率 ● 热传导率 ● 物质的燃点、自燃点 ● 物质中的音速 ● 固体墙的传播损耗 ● 吸音率 ● 声音程度 ● 主要声谱的波长
地质学相关	● 地震等

● **日南中高度**
一天中太阳高度最高的时候，太阳和地平线形成的角度。夏至达到最高点，冬至达到最低点。

● **膨胀率（热膨胀率）**
随着温度上升，物体长度和体积的膨胀比例。在对待膨胀率较大的物体时，需要预留容纳膨胀体积的空间。另外，将不同膨胀率的材料组合在一起使用时，因为膨胀率的不同会导致热应力产生，从而在材料表面形成裂纹。

● **传导率（热传导率）**
用以表示热量在物质中传播难易度的数值。数值越大导热性越好，用以表示物质易热易冷方面的性质。

● **传播损耗**
用以表示墙面和地面等的隔音性能的数值。数值越大隔音性能越好。一般来说，越是厚重结实密度高的物质，其数值也会越高。

● **吸音率**
物体上入射音强度和反射音强度之比。越接近0则反射声音能力越强，越接近1则吸音能力越好。吸音率会受到材料素材、处理方法、材料背后的空气层厚度、声音入射条件、频率等的影响。

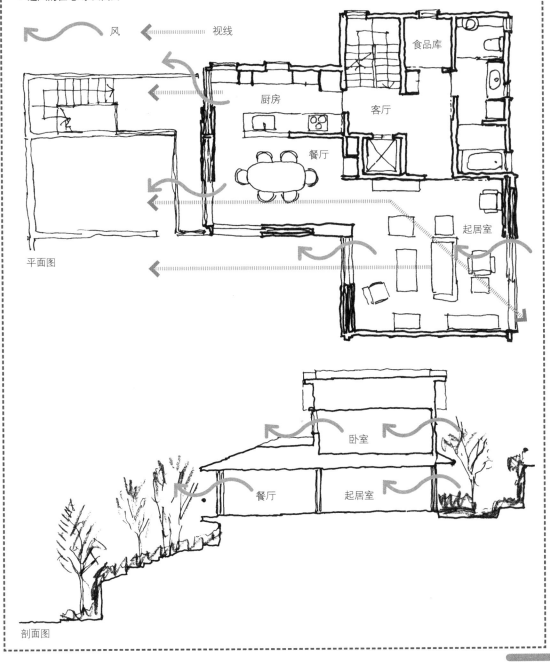

图1

导入风道信息

沿着风的流向成套安设门窗等进风和出风口的话，风就可以自然地从住宅中吹拂而过了。

一般来说在日本关东地区，在建筑的南北两侧开设门窗可以有利于通风（特别是夏季），而实际上根据建筑所在的位置的地形和周边环境还需要做一些微妙的调整。

比如说下图中，地形整体是一个倾斜面的时候，空气会从建筑用地前面略高的建筑处沿着斜面流动，建筑的门窗也沿着这样的流势安设会更好。

作为进风口和出风口的门窗位置关系即便不呈一条直线，而是呈L字形，对于通风效果来说影响也不大。朝着向下斜坡方向开设的门窗同时也可以兼具拓展视野的功效。

● **通风的住宅/永田昌民**

风　　视线

食品库

厨房　　客厅

餐厅

起居室

平面图

卧室

餐厅　　起居室

剖面图

探讨布局方针

■ 将预定建造地的信息、客户的期望、建造法规都导入并整理之后，对于要建造怎样的建筑就有了大致的轮廓。接下来首先就要商讨一下依照什么方针来布局。

■ 住宅设计中探讨平面布局的时候，有一种沿轴思考分区的方法。住宅中的房间根据使用来说，可以分成重视个人隐私空间的卧室和儿童房等，以及家庭成员共同使用有时可以作为客厅使用的公共空间。然后再根据分区细致讨论布局规划。

■ 如果规划建筑是平方的话，两个分区就要共同存在于同一楼层里。在探讨时要一边考虑建筑用地的方位和连接道路的位置等，一边考虑公共空间放在整体布局的哪一片会更方便利用。

■ 如果是2层楼的住宅，那一般来说是2个分区分别设在上下两层的布局。比如说仅仅是考虑1楼要作为什么分区来使用时，也需要结合各种各样的条件来综合考量。按常识来说，考虑到道路和玄关的位置，玄关和起居室的关系，起居室和庭院的关系等，1楼都适合作为公共空间来使用；然而具体考虑到道路和建筑用地的高低差关系、建筑用地的大小和与周边的关系等，1楼有时候也未必就适合作为公共空间使用。

■ 而考虑3楼的情况时，需要探讨的要素就增加了（不仅要考虑在哪一层设定公共空间，还要加上两代人同住的可能性），需要考虑的条件和范围就突然拓展开了，必须要更加慎重对待才行。

船桥箱体住宅/宫胁檀
建造在住宅密集地的住宅的2楼起居室。在2楼的位置上，即便是住宅密集地也能保证足够的日照水平。

表1

根据功能分区来进行布局设计

功能区	房间名	大致大小	注意事项
公共区域	厨房	3.3 m×2.5 m	根据厨房类型，以及餐厅、起居室的连接方式来决定
	餐厅	5.0 m×5.0 m	按照日本茶室风格建造则要比起居室更宽敞
	起居室	5.0 m×6.0 m	如果主要是会客用则可以小一些
	浴室	2.0 m×2.0 m	保证采光充足
	洗漱·更衣室	2.0 m×2.0 m	需要有能排湿用的窗口
	厕所·化妆间	1.5 m×1.8 m	最好有采光用的门窗
	玄关	2.0 m×2.0 m	需要采光，同时考虑私密性
	走廊·楼梯	宽1.0 m以上	采用较缓的坡度，动线距离要短
	2楼洗漱间	1.0 m×2.0 m	离开房间要近一些，尽可能和1楼的用水设施重叠在一起
	2楼厕所	1.0 m×1.6 m	离开房间要近一些，尽可能和1楼的用水设施重叠在一起
	收纳场所	2.7 m×2.7 m	分散的话可以小一些
	榻榻米房间	4.0 m×4.0 m	地面朝南或者朝东
个人区域	主卧	4.0 m×4.5 m	根据就寝方式改变大小
	儿童房	3.0 m×4.0 m	满足需要的最小限度即可
	卧室	1.8 m×1.8 m	接在卧室隔壁
	厕所	1.0 m×1.5 m	接在卧室隔壁
	卫生间	1.0 m×2.0 m	接在卧室隔壁

图1

分区的思考方式

● 一般的分区思考方式

| 平房 | 2层楼住宅 | 3层楼住宅 |

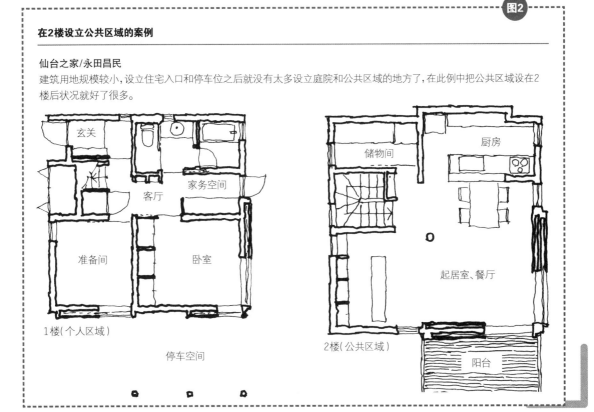

● 分区的其他可选方案

2层楼住宅　　3层楼住宅

图2

在2楼设立公共区域的案例

仙台之家/永田昌民

建筑用地规模较小,设立住宅入口和停车位之后就没有太多设立庭院和公共区域的地方了,在此例中把公共区域设在2楼后状况就好了很多。

1楼(个人区域)

停车空间

2楼(公共区域)

■ 积极使用你的双手是面对设计工作时的基本态度。在普遍使用计算机辅助制图方法的现在，再使用双手意味着额外的努力，但是依然有其独特的意义存在。

■ 勤用手可以增加脑部血液流量。有学者甚至认为人脑约有一半是为了使用手而存在的。手是一种敏锐的感觉器官，如果脑的一半都是和手的功能相关的话，那脑接受外界信息并记忆住，然后通过思考再对外表现出来的行为的一大半也是通过手来达成的。对于经验尚浅的人来说，更要记住"设计的诀窍就是通过自己的双手来铭记"这点。

■ 在需要通过双手来铭记的要点中，就有规模感这一条。虽然从原则上来说，设计最好按照原始尺寸（1：1的比例）来考量，但这显然不太现实，因而实际上只能按1：100或者1：50的缩小比例来开展工作。面对图纸如何能够感受到实际尺寸的这种感觉，就要通过自己的双手来铭记。工匠和手艺业界通过双手来铭记技术，在建筑设计中也同样需要通过双手来铭记规模感和比例感。

■ 在设计工作中说到能够使用自己双手的机会的话，比如精炼自己的构思时绘制的草图。草图这个工作并不适合使用电脑来完成，需要做的话就只能是在桌上用铅笔、尺规、描画纸等亲手绘制了。有机会的话不妨好好把握住。

图1

使用双手的意义

在人的感觉器官中，与大脑连接最为密切（与脑部相关的神经细胞）的，有手（特别是手指）、舌头、嘴唇三者（根据潘菲尔德的脑地图）。总而言之，多用手、多动口，大脑也会越活跃越发达。比如说，食指的屈伸行为就会给大脑的运动部分增加30%的血流量，给大脑的感觉部分增加17%的血流量，左右脑的整体血流量也会增加10%。

- 手具有感觉、操作、表现的功能。
- 手的动作多种多样（抓、握、招手、展开、接触、按压、敲击、拍掌、靠、连接等）。
- 手的动作速度、运动量、力量的大小可以用来表达感情。
- 使用手的方式的纤细度可以用来表达情感的细腻程度。
- 手的规则韵律也可以用来表达安心和舒适的情感。

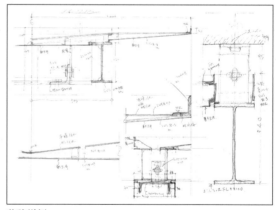

草稿样例

- **侏儒人偶**

加拿大的医师潘菲尔德的侏儒人偶（根据伦敦自然历史博物馆的模型绘制）。
按照人脑中所占的感觉范围（体感区）所拥有的神经细胞数量比例，映射到相应身体部位，再用侏儒人偶的方式表现出来的话，手（特别是手指）、口（唇、舌）相关部位会非常巨大。这表示手和脑的强力联系，具有非常深远的意义。

设计的整体概要

038

规划好整体平衡（比例）

■ 从这里开始会借助住宅的具体样例来介绍设计的基础。首先在住宅设计中需要注意的是整体的平衡感（外观和布局等）良好。比例感良好的建筑往往能使人安定，同时也会营造出舒适的气氛，易于使用且不容易让人感到疲惫。

■ 虽然从建筑外观来说，平房能给人最为安定的感受，但是实际设计中也常常会遇到2层楼甚至3层楼的情况吧。这时候相比较于朴实的2层楼建筑来说，下方1楼稍微大一些形成回旋结构的话，看上去也会更稳定，行走的空间也不会给人以压迫感，留下令人舒适的印象。这种下方较大的住宅是否能够建造，还是要看建筑用地的条件、客户的期望，以及法律条件是否允许，虽然不一定可以实现，但确实是非常有价值的方式。与其相近的还有大屋顶住宅的设计。

■ 从布局来说，各房屋的面积关系需要从平衡的角度去考虑。一般来说，起居室占据了房间中最大的一片空间，而餐厅和厨房则围绕在其周围，但如果只是把设计重在这一部分的话容易过度，注意不要导致其他房间的面积过小。

■ 房间和房间的排布方式（位置）不合理的话，会使得连接房屋的行走部分增多，最后形成平衡感较差的布局。说到平衡感差的情况，对于小规模的住宅来说就是因为优先考虑了起居室和卧室等房间，导致玄关的空间相当狭小，平衡感有所欠缺。不管规模有多小，玄关都应该有其固有的最低限度的面积才行，在探讨时一定要一直从整体的角度去思考。

图1

稳定的形状的基础

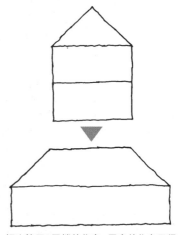

相比较于2层楼的住宅，平房的住宅显得更为稳定。

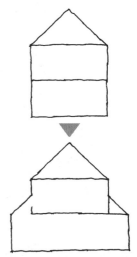

相比较于朴素的2层楼住宅，下方1楼稍微大一些的住宅给人的压迫感更少一些，也能给人以比较温和的稳定感。

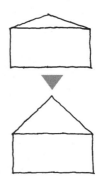

相比较于屋顶能看到的面积更小（斜坡更为缓和）的屋顶，面积更大（斜坡更为陡峭）的屋顶和墙面的比例可以给人更为稳定的感觉。

图2

黄金比例和黄金分割

以身边的案例来说，20块榻榻米的房间形状以5:8的比例更为接近于黄金比例。再按照黄金分割细分则可以形成12块半和7块半榻榻米的两个房间，再细分可以形成4块半和3块的榻榻米房间。另外日本的传统建筑物下屋檐高度为2~2.4 m，虽然不是黄金比例但是外观上也保持了较好的比例感。

- 黄金比例是指 $1:\dfrac{1+\sqrt{5}}{2}$ 的比例。近似值为1:1.618，可以记作约5:8。
- 下图中将黄金比例放到长方形的纵横边上，以几何方式来说明黄金比例。
- 以黄金比例为边长的长方形中，短边形成的正方形去掉之后，剩下的长方形依然为黄金比例。

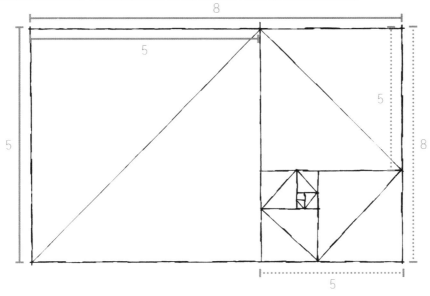

图3

帕特农神庙的立面以黄金比例和黄金分割构成优美的比例感

帕特农神庙的山墙立面高宽比约5:8，符合黄金比例。
而立柱的高度也按照黄金分割的结构来构成比例。

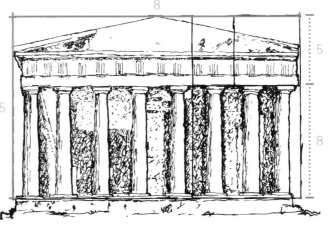

第4章 设计的整体概要

动线规划的基础

■ 住宅的布局按照回家后进入公共区域、在公共区域和个人区域出入、在公共区域或者个人区域内来回走动三方面来讨论人的活动路线（仅考虑家庭成员人数）。

■ 人的移动轨迹称之为"动线"，把动线标注在平面图上的话，人频繁往来的地方线条就会显得粗（浓），反之则会显得细（淡）。在讨论布局设计的时候，动线粗的地方需要特别注意。基本上要尽量减少粗线部分的长度，动线之间也要尽可能不重叠。

■ 动线会受到各房间排布以及建筑中哪个方向有什么房间等的影响，房间排布和位置可以多加探讨，采用动线更短且较粗部分不重叠的方案。

■ 在动线规划中另一个要考虑的基本要点是保证动线的"洄游性"。所谓洄游性，简而言之是指在平面布局中能形成一圈一圈无限环绕的路径。有这样的路径可以使得通往房间的路线不会戛然而止，使建筑物显得更为宽敞。即便是小规模的住宅中，有了这样的路径后狭窄的气氛很可能就一扫而空。可以考虑顺时针或逆时针两种洄游路线，眼中看到的风景也会富有变化，增加更多乐趣。

■ 由于洄游性可以保证两个方向的通行，因而还有根据情况选择方向的优势。日常生活可以走玄关→起居室→餐厅这样的路线，而有来客时可以更换为起居室→厨房→玄关的路线。这都是在房间布局具有洄游性之后才能拥有的特性。

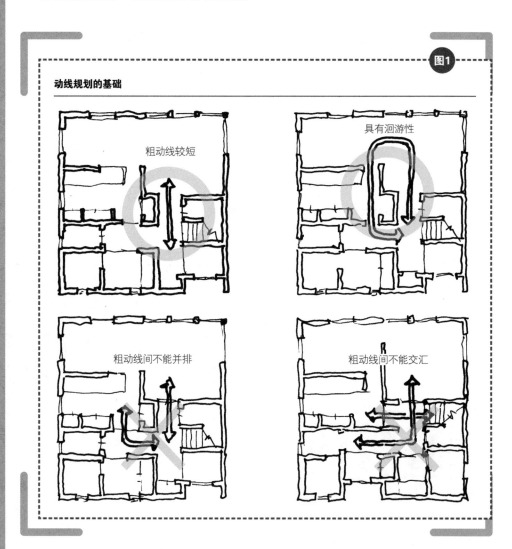

图1 动线规划的基础
粗动线较短　具有洄游性　粗动线间不能并排　粗动线间不能交汇

图2

动线规划做得较好的案例

箱作之家/竹原义二

在同一楼层的室内空间中能够设计出具有洄游性的动线规划虽然已足够，而这个案例中洄游动线跨一二两层，并且洄游性的动线借助了外部空间达成等，大大拓展了空间使用的可能性，也使住宅空间变得更为有趣。

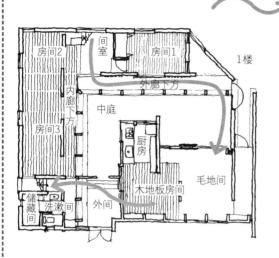

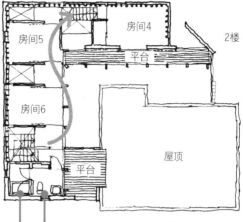

宫本邸/吉村顺三

即便是平房结构的小住宅（53 ㎡），通过这样具有洄游性的布局规划，可以使得房间使用时产生几倍以上的宽敞感。

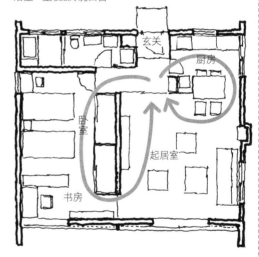

山住邸/宫胁檀

1楼以玄关为中心顺时针或者逆时针都可以很方便地行走。
2楼通过阳台也能形成洄游性的动线。

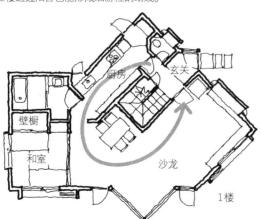

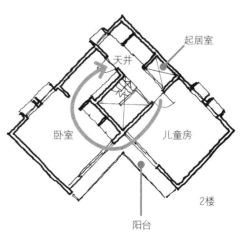

■ 生活在集体住宅中的人在建造自己的独栋别墅时，往往会提出所有房间都朝向外面的愿望。由于集体住宅中单个住户往往被上下左右其他住户夹着，导致没有窗户的房间产生。因而这种希望独栋别墅中每个房间都能安装窗户的心情是可以理解的。

■ 有朝向外侧的窗户的房间，其通风和采光条件，以及视野条件也会跟着受到影响，这是在探讨独栋别墅的布局时必须要考虑的基本条件。特别是浴室和卫生间这种在集体住宅中只能放在角落上的房间，如果安装有窗户的话，对于换气条件来说也是有利的，并且也可以取得意外的开放感。

■ 然而独栋别墅根据建筑用地和周边的状况等，靠着外墙的房间也不是随随便便都能安设窗户的。浴室和卫生间这种需要重视隐私保护的房间里贸然设计一处窗户，又和邻居的窗户正好对上的话，状况也是比较棘手的。过于靠近道路的话使用起来也同样会碍手碍脚。这种情况下就可以在高处安设窗户，或者使用天窗来代替。

■ 而另一方面，能够有效保护隐私的窗户设计在防盗方面也会更加安全，根据建筑用地周边状况可以考虑使用这样形式的窗户。

■ 其他在安设窗户时需要注意的事项有：窗户的类型（特别是开合方式）会较大影响易用性，而窗户的外形、大小和位置对于建筑外观设计也会带来很大的影响。在符合采光通风等相关的法律条件下，尽量采用易于使用，外观设计上和住宅整体较为平衡的窗户为好，虽然有些难度但却是一项有意思的工作。

图1

集体住宅的中间房间布局例子

一般来说，集体住宅的中间住户只有玄关和阳台两面朝向外界，在布局中间的房间没有向外开放的窗和门。特别是卫生间和浴室等，基本上没有窗户。

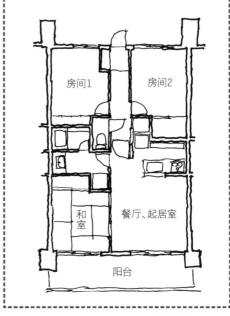

照片1

各种窗户样例

百叶窗

垂直外开窗户

内倒式窗户

图2

窗户位置和窗户开闭方式

● 窗户位置的形式

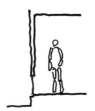
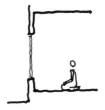

阳台窗
也叫落地窗，从地面到窗框顶高度的可供人进出的大型窗户。

地窗
安设在地面的窗户，这种也叫落地窗。常和气窗配合使用来给房间换气。

扶手窗
在地面跪坐姿态和视线所对应的窗户，适合作为和室的窗户高度。

天窗
安设在屋顶上的窗户。采光效率优良，相比同样面积的墙面窗可以有3倍的采光量。

腰窗
坐在椅子上时视线所对应的窗户。桌子放在窗下正好的高度。

气窗
内墙上部、屋顶下部安设的窗户。常和地窗配合使用来给房间换气。

● 窗户的开闭形式

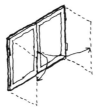

滑动窗
最一般的方式。根据安设方式具有换气、通风等各种用途。

单开窗
易于确保密封性，但是需要一定的保留空间供窗户开启，需要做好开启后的固定措施。

双开窗
特征和单开窗一致，窗户所占面积可以全部打开。

外开窗
开启式窗扇下沉，上方可以形成开口部分。换气效率优异。

突出窗
开启式形成屋檐形状，突然下雨时也不用慌忙关窗。

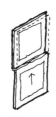
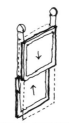

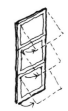

内倒窗
使用附属的勾栏开启高处的窗户也相对容易，常用作换气窗。

上下滑动窗
用于纵向窗户位置。上窗固定，下窗可以向上滑动。

平衡上下滑动窗（双吊挂式）
上下两扇窗的窗框通过导索连接，推拉任意一扇窗另一扇都会上下联动。

可变百叶窗
通过手柄控制玻璃叶片的角度（全部同时调整）。换气和通风效率优良，也可以用来遮挡视线。

遮篷窗
和百叶窗一样通过手柄控制开合（全部同时调整）。有连续窗和段落窗的形式。

041

同时考虑内装和外装的设计思路

■ 有些人把建筑设计看作是只设计建筑的本体部分，等建筑本体设计完成后，外装设计就交给别人来做。某个什么都没有的地方建筑物拔地而起这种事情在现实生活中并不存在，建筑往往是和周边环境融为一体的，使用者也不仅仅是使用建筑本体，而是建筑（包含内装）和其周边环境整体一起使用。

■ 因而在进行建筑设计的商讨时，把外装和内装作为同时进行的设计来思考会更易于整理思路。比如说在讨论平面布局的时候，一定也要同时考虑建筑用地和前方道路间的关系、和建筑物的布局规划间的关联、和入口规划间的关系等，认真确认这些要素互相之间的关系。

■ 内装方面，为了方便轮椅使用而采用了玄关地面到屋内较为缓和的台阶高度差的规划时，也可能会因玄关门打开后建筑物和道路过于接近并且有一定高度差，导致坡度陡峭的失败案例发生。不同时考虑内外装的话，仅从方便轮椅实用的角度来看也可能会有不完善的设计情况发生。

■ 建筑本体的设计中，不仅要从平面布局来先行讨论，外观（立面）、屋顶的架设方法、剖面规划等也一定要同时进行，当然也要加上外装（外部构成）部分的商讨。比如说关于窗户的部分，不仅要考虑平面布局上的位置，也要从设计上考虑外装部分的位置，以及邻近地区的风景等。

■ 建筑设计是在平面图、剖面图、立面图、布局图等多种图纸中反复进行的工作。因此，设计工作中使用到的剖面图采用包含邻近地剖面叠加建筑物剖面图的方式更易于使用。

同时考虑内装和外装的案例

建筑设计是一起考虑所有的条件，并同时进行的工作。
如果想要构建出令人舒适的室内空间，那和外部空间的关系就需要时刻留意才行。
尤其是右图所示 "没有正面的住宅/西泽文隆" 的庭院式住宅，内装和外装同时思考才能得到这样的结果。

建筑用地和建筑的剖面图放一起思考
（北侧向下倾斜的梯形地势案例）

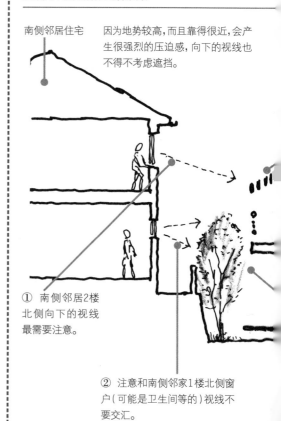

南侧邻居住宅

因为地势较高，而且靠得很近，会产生很强烈的压迫感，向下的视线也不得不考虑遮挡。

① 南侧邻居2楼北侧向下的视线最需要注意。

② 注意和南侧邻家1楼北侧窗户（可能是卫生间等的）视线不要交汇。

图1

● 没有正面的住宅/西泽文隆

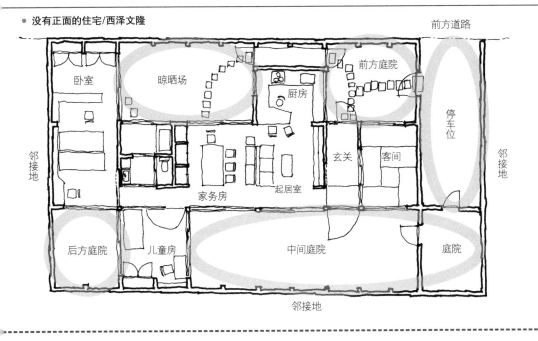

图2

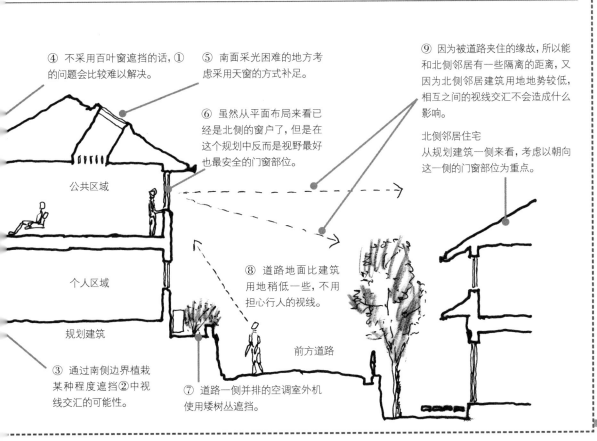

④ 不采用百叶窗遮挡的话，①的问题会比较难以解决。

⑤ 南面采光困难的地方考虑采用天窗的方式补足。

⑥ 虽然从平面布局来看已经是北侧的窗户了，但是在这个规划中反而是视野最好也最安全的门窗部位。

⑨ 因为被道路夹住的缘故，所以能和北侧邻居有一些隔离的距离，又因为北侧邻居建筑用地地势较低，相互之间的视线交汇不会造成什么影响。

北侧邻居住宅
从规划建筑一侧来看，考虑以朝向这一侧的门窗部位为重点。

公共区域

个人区域

规划建筑

③ 通过南侧边界植栽某种程度遮挡②中视线交汇的可能性。

⑧ 道路地面比建筑用地稍低一些，不用担心行人的视线。

前方道路

⑦ 道路一侧并排的空调室外机使用矮树丛遮挡。

采用模型来探讨

■ 建筑设计中,事前准备、建筑、客户、法规等资料的收集和整理是必不可缺的。对于设计工作来说,要尽可能(至少在构思阶段)使用手和纸来进行。比如说在纸上描绘出透视图,把脑中的想法画出来用双眼来确认是很有效果的。然而透视图毕竟是二维的图像,效果有限,投入太多精力去表现可能造成正确性缺失。这时可以使用三维的模型作为辅助手段之一。

■ 在考虑不平整或者倾斜的建筑用地及周边状况时,虽然有建筑用地测量图、详细描绘周边状况的图纸、建筑用地和周边的全景照片等,但是如果情况严重的话,还是需要制作成立体模型来看,这样可以更准确地把握整体信息。建筑用地的模型以标记了地势倾斜角度、和道路间的高低差等的建筑用地测量图为基础。周边状况和建筑位置等则参考住宅地图,建筑的形状和高度等能够到实地调查就最好了。网络上公开的航空照片及街景图等也能作为参考,但是一定要注意一下拍摄日期。

■ 通过模型进行的商讨分为两个阶段。初期阶段只需要表现出现况即可。首先要制作出建筑的外观形状(也称之为块状模型、体积模型、商讨用的模型等)。比例为住宅的1:200或者1:100,窗户和屋顶的屋檐部分等可以省略掉。

■ 建筑布局规划和外装的商讨进展顺利的话,可以把模型比例提高到1:50甚至1:20左右。在这个比例上,内装和整体的比例,以及结构的组建方法、表面质感和色调等,都可以通过各种材料来达到和实际状态接近的效果,用以更细节的部分的商讨。

■ 作为模型材料易于使用的有纸黏土、油黏土、泡沫塑料、软木板、瓦楞纸、塑料板等。为了方便之后再加工等,尽量选择易于切割的材料。

表1

模型材料

分类	材料
板片类	● 泡沫板 ● 塑料板 ● 塑料纸 ● 发泡苯乙烯 ● 单面胶黏板 ● 轻木板 ● 胶合板 ● 木制板 ● 蜂窝板 ● PVC板、塑料板、亚克力板、PET板 ● 瓦楞板、塑料瓦楞板 ● 厚纸 ● 肯特纸、铜版纸、绘画纸、色纸 ● 软木板、软木片 ● 金属板 ● 冲网板、网片 ● 其他
棒类	● 桧木方材、圆棒 ● 轻木方材、圆棒、钢材 ● 桃花心木、南阳桂木方材、圆棒 ● 竹签 ● 苯乙烯圆柱 ● 亚克力棒、管 ● 塑料钢材形、棒、管 ● PVC管、尼龙绳、风筝线 ● 金属线、管
黏土类	● 树脂黏土 ● 石粉黏土 ● 木塑黏土 ● 纸黏土 ● 油黏土 ● 透明黏土
其他	● 塑料纹理纸 ● 纹理纸 ● 色粉、轻木粉 ● 草坪纸 ● 水面用素材 ● 石膏、油灰、造型膏 ● 干花 ● 球、块、透明半球 ● 人物、车辆
黏着剂·工具	● 木工胶 ● 苯乙烯胶 ● 喷胶 ● 快干胶 ● 塑料黏着剂 ● 纸水泥 ● 双面胶 ● 美工刀、刀片 ● 镊子 ● 图钉 ● 直角尺 ● 砧板 泡沫切割器

商讨用的各种模型

地势倾斜或者不平整等情况下,需要制作建筑用地的模型与建筑模型一起用来商讨。一开始可以使用1:100的比例,随着工作进展逐渐更换成1:50~1:20的比例,最后需要制作给户主看并作说明用的模型。

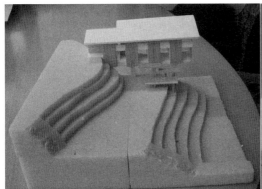

研究用模型

建筑用地有倾斜时,要同时制作建筑用地模型和建筑模型。

研究用模型的样例

建筑用地位于建筑密集地时,还需要制作邻家的模型一同用于商讨。

比例放大后的模型样例

在布局规划和比例的商讨更进一步的阶段制作。

内部结构商讨用的模型

也可以贴上图纸来表示具体的布局等。

展示用模型的样例

用来给户主看的模型,制作成彩色模型可以给户主更具体的印象。

模型提供：村山隆司工作室

确定模组

■ 模组一般来说是指尺度和规范,在建筑设计中则是指作为设计基础的单位尺寸。

■ 传统的日本建筑中,有以榻榻米的尺寸为模组基准来进行规划的例子。日本古代称"尺贯法"的以尺为长度单位的用法沿用至今,现在也有3尺这种模组在建筑设计中广为使用。具体来说,3尺按照公尺计量法来算就是900 mm或者910 mm。其他也有以1 m为模组、4尺(1200 mm或者1212 mm)为模组的案例存在。

■ 无论使用哪种模组进行设计都是优缺点并存的,但是在设计进展中一定要决定好使用哪一种模组来展开设计。比如建筑的结构体如何(木结构、钢架结构、钢筋混凝土结构等),结合到手的建筑材料规格尺寸来考虑。对于木结构来说最方便的是3尺模组,其次才是1 m模组吧。

■ 此外,设计师也需要结合住宅性能评价制度及便于轮椅使用的法规来决定使用哪种模组。因为考虑到老年人生活便利,轮椅出入方便的问题,走廊、楼梯、出入口的宽度都需要保证有一定的数值才行。这时候即便是木结构的建筑,采用3尺模组想要达到要求就会相当麻烦。考虑墙面厚度的时候,有可能就没法保证足够的内墙高度了。这种情况下,可以考虑只在走廊及台阶等部分采用1:2模组或1:3模组,或者采用别的模组(比如1 m或者4尺之类)来建造。

■ 一种模组对应整体设计往往会遇到一些难点,这时候不妨采用一些灵活的方法来思考。

表1

各模组间的比较

● **3尺模组的住宅**
因为以前被广泛使用,所以比较容易营造出舒适的平面布局。但是需要注意,根据结构材料和表面材料的规格,可能没法满足方便轮椅使用所需的走廊、台阶宽度。可以适当地和1:2模组及1:3模组配合使用。日本市售的大多数建材都符合这个模组规格,使用也较为方便。

　　长处:对于住户和施工人员来说都是比较
　　　　　熟悉的规格,对应的材料种类丰富。
　　短处:轮椅的通行、方便老年人的使用等方
　　　　　面还需要下功夫。

● **4尺模组的住宅**
整体布局感觉更有余裕。特别是因为走廊宽度、台阶宽度、卫生间等部分的余裕使得整体布局会比较便于轮椅的使用。不能和1:2模组及1:3模组有效配合使用的话,可能会显得布局有些粗犷。需要注意建材等的多余部分尽量不要浪费。

　　长处:比较容易营造出富有余裕的布局,也
　　　　　便于轮椅使用。
　　短处:不能和1:2模组及1:3模组有效配合
　　　　　使用的话,可能造成空间的浪费,并
　　　　　且对应材料较少,要注意选择。

● **1 m模组的住宅**
可以营造出富有余裕的整体布局。台阶宽度、走廊宽度、卫生间等狭窄的地方也能控制到比较恰当的程度。铺设榻榻米的房间会造成多余,这些地方怎么处理还需要下一番功夫。和模组配合,良好地使用建材是其要点。

　　长处:布局比较灵活,也比较容易做到适应
　　　　　轮椅使用。而对应的材料现在也在
　　　　　增加。
　　短处:需要和1:2模组等配合使用才能避免
　　　　　死角。

图1

各模组的图纸样例

3尺模组因为对应建材选择比较丰富,日本的施工工匠也比较习惯,因而在日本较为常用。但是为了方便轮椅的通行,也需要和1:2模组及1:3模组配合使用。

4尺模组的3个单位相当1.82 m,根据具体情况探讨一下的话,也许可以使用3尺模组的材料来建造。

1米模组更为适合作为实际使用中的住宅内部高度单位。对应这个模组的建材数量现在也在增加。

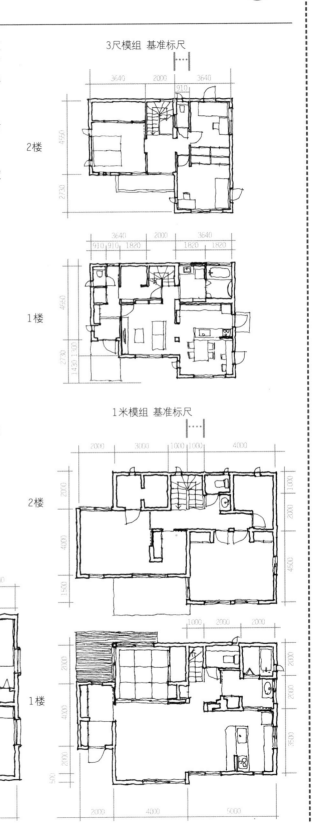

COLUMN

关于大脑和记忆

视觉、听觉等感官细胞所接收到的信息通过神经细胞汇集到大脑的海马体中。

- **超短期记忆**（感觉信息储存） 能够暂存的记忆里，视觉信息大概有不到1秒、听觉信息为4秒左右。

- **短期记忆** 接收到的信息中人感觉有必要的或者感兴趣的信息（换算成数值大概有5~9位）可以储存20~60秒。这部分的容量较小，从超短期记忆部分到短期记忆部分传递信息的时候有不少记忆会被丢弃。

- **中期记忆** 在短期记忆区域内保存的信息中，更为有兴趣的部分及已经掌握理解的信息会被转送到中期以记忆区域，能够维持一段时间（1小时~1个月）。但是9个小时后大部分就丢失了。

- **长期记忆** 储存在中期记忆区域内被反复唤起的同一信息会被识别为重要信息，转送到大脑的侧头叶区域长时间保存。这些信息一个月内至少也要反复回忆2次以上才能保持。

- **大脑脑皮质** 躯体运动区、感觉区、视区、听区、嗅区、语言区域等的各功能中枢都分布在特定的部位。
- **大脑脑髓质** 由连接各部分的髓纤维组成。
- **间脑** 位于大脑半球与中脑之间。包含丘脑和下丘脑等，除了嗅觉以外的感觉神经纤维都经过这里。
- **中脑** 大脑和脊髓、小脑连接的传输线路。也是控制视觉反射中枢、眼球运动的反射中枢、根据听觉刺激控制眼球和身体运动的中枢、保持身体平衡的中枢。
- **延髓** 控制血液循环和呼吸运动，对于维持生命活动非常重要。
- **小脑** 综合调整平衡功能、姿势反射、随意愿运动等，承担综合运动功能。
- **海马** 帮助把短期记忆转化为长期记忆。
- **额叶** 和长期记忆保存密切相关的部分，也是负责接收听觉信息的部分。

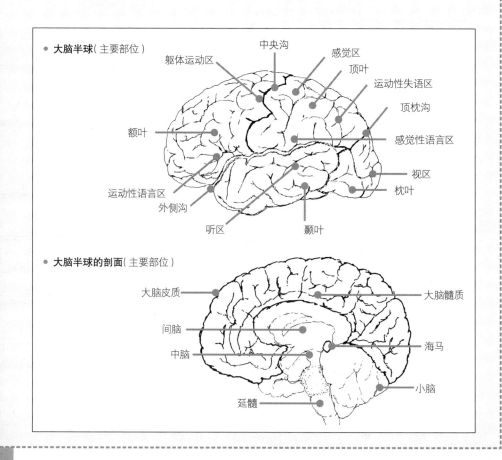

- **大脑半球**（主要部位）

  中央沟　感觉区　顶叶　运动性失语区　顶枕沟　感觉性语言区　视区　枕叶　颞叶　听区　外侧沟　运动性语言区　额叶　躯体运动区

- **大脑半球的剖面**（主要部位）

  大脑皮质　大脑髓质　间脑　海马　中脑　小脑　延髓

设计的各部分细节

南侧进入的建筑用地的入口处

■ 从南侧进入的建筑用地指的是向南一侧和道路连接，从南侧入口进入建筑物的情况。一般来说在建筑物的南面会设有庭院，从南侧进入的情况下，其布局中庭院和入口空间就要放在一起考虑。除此以外，从道路开车进来还需要有一定的停车空间，庭院、入口、停车空间三者都要综合考虑。

■ 南侧向下倾斜、道路东西朝向的梯形地势上，最后一定会形成从南侧进入的建筑用地状况。地面形状东西侧宽度较窄，南北纵深较长，庭院、入口、停车空间三者要兼得难度就更高了。这时候如果道路和建筑用地的高低差较大的话，停车位和庭院可以采用重叠起来构成立体的庭院地下车库（从道路一面直接进入）方案来解决。难以达成的话，一般来说就要重新考虑庭院的方案。比如说主庭院不放在建筑的南面，而是考虑设立在北面，或者将庭院分散成多个3 m²大小的庭院，又或者将南面部分改成以入口为主的前方庭院及停车位一体化的前方庭院方案等。

■ 北侧的庭院因为房间一侧可以看到庭院直射阳光的草木，因而给人的印象也较为明朗，可以取得预想外的优异效果。这种也是传统的建筑物里，客间一处所能看到的庭院手法。

■ 3m²大小的庭院在传统的排屋结构中广为使用。采光性能优异，也能有效把建筑中的空气引出来，作为换气和通气装置来说性能也不错。

■ 停车空间方面，虽然一辆普通车辆需要20 m²以上的空间，然而车辆在使用时（停车场里没有车辆的时候）就会形成对着道路过于空旷的局面。为了避免这样的情况发生在前方庭院，铺设一定的绿化也是一个一箭双雕的有意义的举措。

图1

从南侧进入的建筑用地的入口的思考方式

● **东西向狭长的情况**

左下图为前方庭院、入口和停车空间一体化的方案。右下图是庭院住宅手法下停车位和庭院分散在建筑周围而入口采用开放式样的方案。

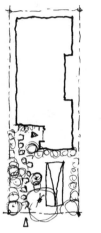

● **东西向宽度足够的情况**

停车空间、入口、庭院分别独立并排布置

● **前方道路比建筑用地低2~3 m的情况**

在道路高度设立入口、停车位，而车库上方是重叠的庭院。

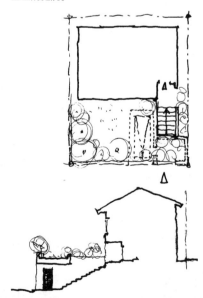

图2

从南侧进入的建筑用地的入口的案例

从南侧进入建筑用的入口方案会受到入口宽度、和道路的高低差等的影响,解决方案各式各样,但是都会尽量避免一大半嵌入建筑用地正中央的形式。如果整体规划靠近东侧或者西侧的话,剩下的南侧土地就可以有效利用了。

● **中泽邸 1楼/宫胁檀**
建筑用地南北向狭长,东西向有一定的宽度,南面三间房间的布局呈人字形排布。
为了区分入口和庭院的部分,入口放在了西侧。

玄关设立在深处的位置,其用意是确保到入口的距离,整体布局上道路部分距离尽量要短。

1楼

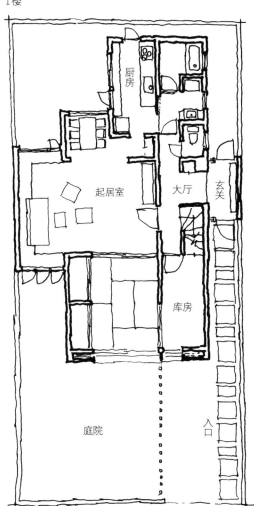

1楼

● **伊藤公一邸 1楼/宫胁檀**
从南侧进入的东西向狭长的建筑用地,南面很难保证有2~3间房间的余裕。
这个方案中采用了庭院住宅的手法,将建筑靠在邻接边界墙的一部分上,充分利用东西向的宽度。
即便如此也难以保证有足够的日照,因而就采用了天窗方案补足。

北侧的考量

■ 将住宅的构成分为公共区域和个人区域两部分来考量整体布局的话，无论哪个区域，起居室、卧室、和室等都会倾向于放置在南侧，其结果就是浴室、洗漱间、卫生间等用水空间就会靠近北面位置了。这样就会导致建筑从外观上来看也是南侧为外侧，北侧为内侧。

■ 作为建筑的外侧一面，在考量比例和外装的时候也时刻意识到这一面是要给外界看到的。而建筑的内侧一面相比外界看到的部分，更多是只需要满足足够的功能性就好。而用水空间为了确保私密性，大量收纳功能的墙面和较小的窗户并排排列，从外面看起来很容易就知道是卫生间和浴室的位置了。

■ 卫生间和浴室的私密性方面，家家户户鳞

次栉比的街区上，对于位于北侧的邻居来说看起来就是正南面的景象了。另外，建筑用地北侧是道路的街区中，往来的人也可能看透建筑内侧的景象。

■ 为了避免这样被看透的情况，在做规划时要有对于自己来说内侧的一面对别人来说也是外侧一面的意识。比如说在考量整体布局时，用水空间就不要集中在北面一侧，而在北面一侧安设的窗户即便较小，也要充分考虑形状、尺寸、高度，并且与建筑整体比例感良好，令人看起来较为舒适。

■ 不仅是窗户，空调的室外机和热水器等放在室外的机器类也需要引起注意。使用植栽和遮板等都是不错的方法。

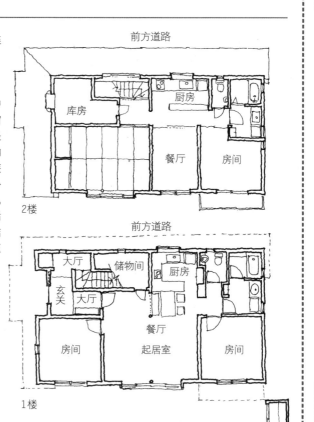

图1

北侧考量的案例

此案例的建筑用地北侧连接到前方道路。

藤井邸/宫胁檀
整体布局上用水设施集中在北侧。但是为了不让小窗并排给路人以"这里肯定是建筑内侧"的印象，在2楼的楼梯间安设了横向较长的装饰窗户，在库房也安装了外开的窗户，视觉上较为美观。而2楼墙面顺着道路稍微后撤，1楼形成下方较大的结构，也不会给行人过多的压迫感。

2楼：前方道路、库房、厨房、餐厅、房间

1楼：前方道路、大厅、储物间、厨房、玄关、大厅、餐厅、房间、起居室、房间

图2

北侧的考量

● 建筑用地北侧有东西向的前方道路的话,夹着道路的左右两侧给人的印象会有很大的不同。

● 北侧连接道路的建筑用地稍微考虑了一下规划方案,给予行人的印象就大不相同。

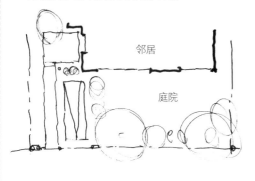

邻居

庭院

前方道路

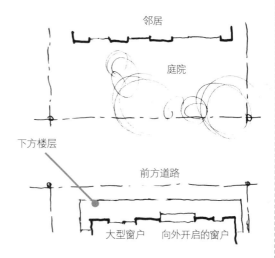

邻居

庭院

下方楼层

前方道路

大型窗户　向外开启的窗户

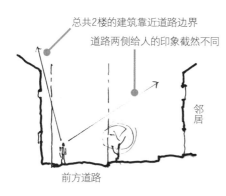

总共2楼的建筑靠近道路边界

道路两侧给人的印象截然不同

邻居

前方道路

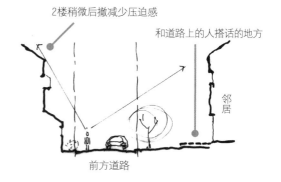

2楼稍微后撤减少压迫感

和道路上的人搭话的地方

邻居

前方道路

● 建筑用地连接南北两侧,就一定要考虑两户人家之间的视线关系等。

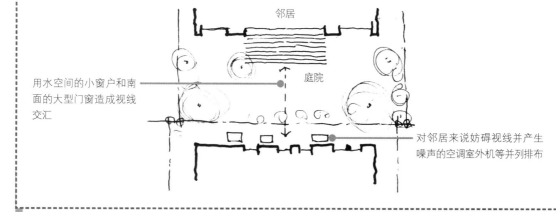

邻居

庭院

用水空间的小窗户和南面的大型门窗造成视线交汇

对邻居来说妨碍视线并产生噪声的空调室外机等并列排布

考量设备机器的安放位置

■ 在建筑布局规划中，空调室外机等放在建筑外部的设备机器有设在建筑北侧的倾向。然而如前文所述，建筑的北侧不能单纯作为建筑内侧使用，放在这里并一定妥当。

■ 在考虑机器安放位置时首先要遵守一些规则。要确保能够发挥设备机器的性能和功能的必要空间、要预留安放和更换机器所需要的路径、预留维护和机材搬运需要的路径和空间等。这些在机器的使用说明书上也会详细记载，要在事前做好确认。

■ 此外，安设在建筑外部的设备机器中，还有净化槽和水表等埋设在地下的物件，有Eco Cute和Energy Form这类安设在地表的节能装置，以及壁挂式热水器等安装在建筑墙面上的装置。

■ 安设在地面或者建筑墙面，且有运转噪声的设备或者运转时有废气排出的设备，其安设的位置和方法一定要特别注意。一般来说，过于接近邻居边界或者住宅的情况下，噪声和排气有可能招致邻居的投诉。现在的设备机器虽然运转噪声已经降低了不少，但是白天影响较小的设备深夜里可能还是会比较明显的。特别是朝着邻居门窗安设的设备机器招致投诉的概率就更高了。因此在考量建筑规划的同时，不仅仅要确保有搬入搬出的路径和维护空间，和邻居的位置关系也一定要做好确认。当然这部分要和植栽规划、入口规划、停车位规划、庭院规划、外部结构规划等一起来探讨。

表1

设备机器安设规划核对表

项目	内容
户主的期望	建筑用途
	使用目的
	管理方法
法律法规	法规规定的必要空间
	危险品存放位置和隔离距离
	日照法规、斜线限制
维护	检查点集中放置
	易于更换、确保搬入搬出路径
	确认检查时需要的路径
	更换新品的方法
自然状况	水灾对策
	地震对策
	盐害对策
	寒冷地对策
	电磁波影响
	噪声对策、震动对策
	大气污染对策、恶臭对策
对邻居的影响	噪声
	震动
	烟
	臭气
	潮湿、热气
	漏水、浸水
	电磁波
布线、排管等	施工性
	经济性
	能源效率
外观设计	和建筑设计整合
结构	机器重量
	安装方法
	门窗部分辅助增强

对于邻居的影响比较多的就是噪声问题。设备机器的噪声源主要有沸水器的燃烧振动声、排管内流速较高时的震动声、送风机的噪声、设备机器和建筑的共鸣等。

一般来说，面向建筑需求生产的机器都会将噪声控制在40分贝以下，这个程度基本上对生活不会产生影响，有些动力较大的机器可能会产生接近50分贝的噪声，这时候不注意安装方法的话就可能会给生活带来影响了。

图1

设备机器布局的考量方法

要让设备机器的布局看起来清爽的话，首先要避开邻居的门窗部位。将邻居的门窗和设备机器的位置标记在布局图上，确保邻居的主要门窗部位前方没有己方的设备机器。而邻家的设备及其前方也不能有己方的主要门窗。

电力表、燃气表、供排水表等要保证家里没人的时候抄表员也能抄到，最好是安设在道路边上能直接清楚看到的位置。

而天然气罐因为需要频繁更换的缘故，最好放在易于出入且不显眼的位置。空调室外机和屋外热水器等，考虑到维护方便也最好设在从道路进入方便的位置。

● **设备的外部设施设置案例**

① 主要开窗部位和邻居的设备机器的考量。　② 表类要考虑抄表方便。　③ 考虑维护时的出入方便。

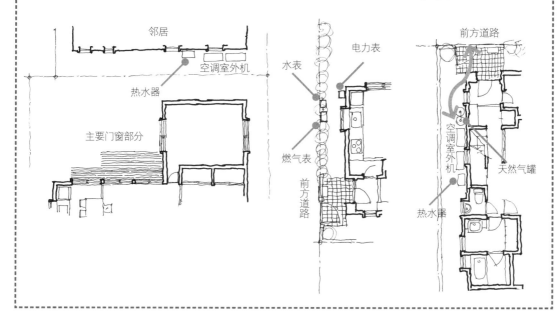

各种设备机器的安设样例

Eco Will（家用型热电联产设备）的安装样例　Eco Cute（热泵热水器）的安装样例（中间：空调室外机；右侧：中央净化器）　燃气热水器（深处）和空调室外机（靠外）的安装样例

狭长入口的处理方法

入口指的是建筑用地前方道路到建筑玄关的部分。并不作为建筑本体相关的对象去设计，而是作为外部结构规划（外装）去讨论。然而作为连接街区、道路等公共空间和特定的家庭成员居住的私有空间具有特别意义的场所，不仅仅是外部结构的一部分，也要算入整体布局考虑的一环。

作为公共和私有地的连接点的入口位置，同时也方便人从公共地到私有地的角色切换。外来的访客可以在这里整仪容、打招呼，通过言语来确认身份。而走出家门的人也在这里把在家里的舒适心态切换到面对社会时候的心态。因而入口也最好能保证有一定的距离，也就是从大门到玄关的这条路最好能够延长一些。能够延长到什么程度是受到建筑占地的规模和形状、建筑物的布局规划、玄关的位置等影响的，虽然在建筑设计阶段就能一起探讨，但是建筑用地没有余裕的话也会相当麻烦。

比如建筑占地规模很小的时候，建筑的布局就基本上已经撑满了，建筑本身也很逼近道路。在有限的空间里要保证入口的距离的话，首先就要把门和玄关的位置尽可能错开一些。这样就会使得入口的道路形成一定的弯曲，从而拉开一些距离。

也有把玄关设在建筑的正中央，从建筑一端的大门沿着建筑的外墙步入式的入口方案。入口的宽度能够供撑伞的人通行即可，即便在狭小的土地上也是可以做得到的。

图1

狭长的入口的考量方式

● **弯曲状**
玄关不正对道路，中间可以采用屏风或者植栽等遮挡。

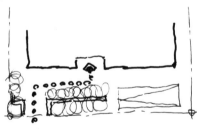

● **往复式曲折入口**
当建筑用地和道路有高低差时可以采用的有效方法。途中可以通过缓坡和台阶等来缓冲。

● **保证撑伞的人可以通行的宽度**
建筑物非常靠近道路的时候，保留一处供撑伞的人可以通过的地方，也可以构建出一个沿着建筑边缘的入口。

● **露天的通道**
宽度狭窄的地势上，可以采用一半深度长度的露天通道作为入口使用。

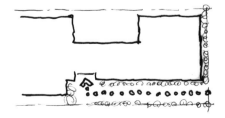

图2

狭长的入口的案例

尽可能延长入口距离的一个方法就是沿着建筑的外墙设立入口。

● **方南町之家　1楼/吉村顺三**

建筑离开北侧边界线有1.6 m的距离,利用这部分空地沿着外墙设立一处通往建筑中央玄关的入口通道。

有1.6 m的宽度条件下,两侧可以种植植物,可以悠闲地走动的露天通道也能给人带来舒适的气氛。

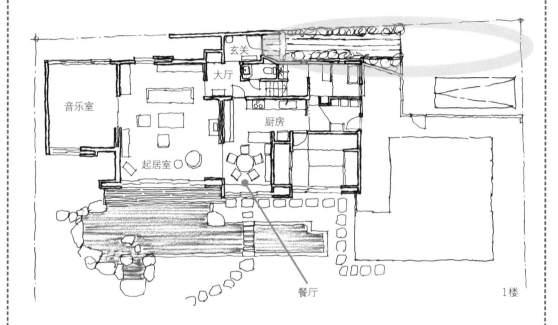

餐厅

1楼

有些建筑用地可能只有一条狭长的通道通往道路,形成旗杆一样的地势。杆状部分自然就作为入口通道使用了,距离自然是足够的,需要下功夫的是如何营造出较为舒适的感觉。

● **下里之家　1楼/永田昌民**

种植得非常满的通道中间非常适合散步用,同时也正好形成微妙的曲折感。

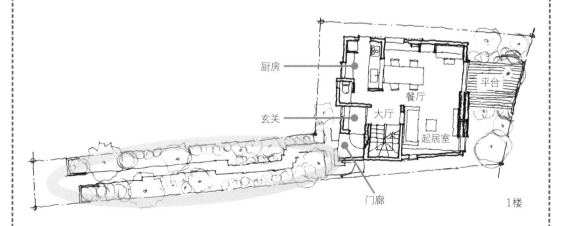

厨房

餐厅

平台

玄关

大厅

起居室

门廊

1楼

048

和台阶组合使用的入口通道

■ 平坦的建筑用地和前方道路间有高低差时，入口的设置就需要引起注意了。如果建筑用地规模足够大，建筑可以安置在远离道路的位置上，大门和玄关能保证一定的距离的话，那高低差问题可以采用斜坡等方式解决。

■ 然而建筑用地规模较小，建筑摆放位置和道路间基本没有余裕的时候，就要注意不要造成打开门就是一个通往道路的陡坡的情况发生。不然的话家中好不容易做好的针对轮椅使用的措施也就变得没有意义了。

■ 总而言之解决方法就是尽量保证入口通道的距离。只要能保证距离就能在其范围内设置足够的缓坡或者台阶来缓冲高低差。

■ 延长入口通道的距离的方法就如同前面所述，在狭小地势上沿着建筑外墙设计最为有效。入口通道有足够距离的时候，就可以参考列车车站楼梯那样设立高15 cm左右，踏面30 cm左右的缓和台阶。入口通道高低差较大的时候，途中还可以设置楼梯平台，细分台阶级数，这样就可以比较舒适了。设立台阶的时候不妨也一并考虑安装扶手的事宜。扶手虽然需要占用一些空间，但是考虑到使用者的方便，还是建议在两侧安装为好。

■ 建筑用地和道路间即便有高度差，具体到每个现场也会有差异。比如说前方道路有坡度时，道路较高的地方和建筑用地可能就完全没有高度差。这时候往往会把车辆进出口设置在高位，但是实际上更应考虑人从这个位置进出的方案。这样的话即便大门和玄关之间距离并不长，但是也能有效避免一打开玄关门就是台阶的状况发生。

图1

入口通道台阶施工的思考方式

● **建筑用地比前方道路要高的情况**

建筑用地比前方道路要高的情况下，建筑物要尽可能远离道路边界线，入口通道的台阶形成曲折的往复形式。这样入口通道能够保证一定的长度，对于老年人来说也是比较方便使用的。

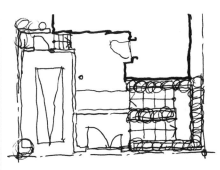

● **玄关门边就是道路的情况**

玄关门打开后就是道路而导致入口很短的情况下，往往从玄关内兜间到道路间的台阶级数会较少。这种情况下，好不容易在建筑中采取了便于轮椅使用的各种方案总体效果就变差了。

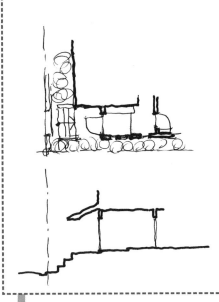

图2

入口台阶的施工例

根据建筑用地的形状、连接道路的状态和建筑布局的状况,入口也需要采用不同的方案。

● **木村邸/宫胁檀**

建筑只能紧靠着道路建造的条件下,为了保证入口通道的一定长度,沿着建筑物设立了一处通道。

前方道路倾斜,玄关正面和道路形成高度差,通过沿着建筑设立的入口通道,通往与道路没有高低差的大门部分。

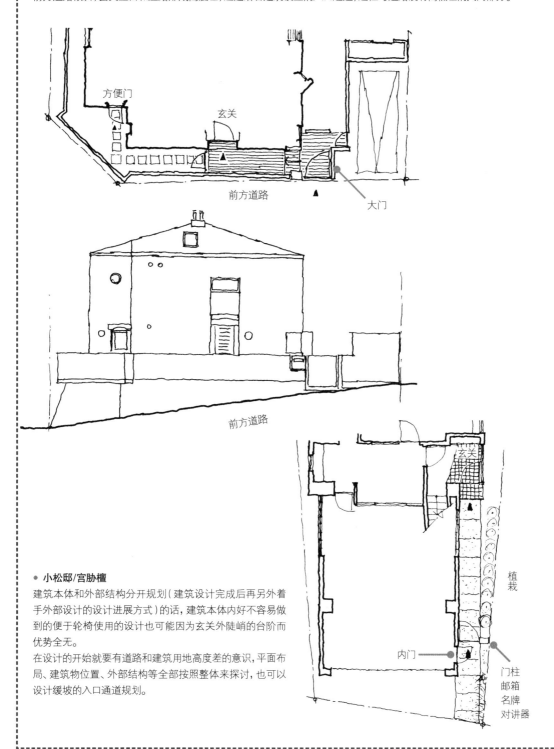

方便门

玄关

前方道路

大门

前方道路

玄关

植栽

内门

门柱
邮箱
名牌
对讲器

● **小松邸/宫胁檀**

建筑本体和外部结构分开规划(建筑设计完成后再另外着手外部设计的设计进展方式)的话,建筑本体内好不容易做到的便于轮椅使用的设计也可能因为玄关外陡峭的台阶而优势全无。

在设计的开始就要有道路和建筑用地高度差的意识,平面布局、建筑物位置、外部结构等全部按照整体来探讨,也可以设计缓坡的入口通道规划。

入口通道和停车位的取舍

■ 一辆车大约需要20 m²的停车空间，建筑用地狭小的情况下，留下的余裕土地就很少了，其中一大半都会被停车空间占去。而建筑用地只和一条道路接壤，地势宽度狭窄的情况下，面向道路一侧的余裕土地也基本上全会被停车空间给占去。

■ 入口通道和停车空间不重叠是一个基本原则。然而根据具体情况，有时候会有重叠的情况发生。不得不重叠的情况下，就要分别考虑停车空间有车和没车时候的入口通道形态了。

■ 有车的时候，要保证人可以从车侧面进入的最小入口通道宽度。这个空间可以和上下车时车门打开占用的空间重叠使用，总而言之这里也是唯一可以用作于入口通道的地方了。没有车的时候，停车位可以整个作为入口通道使用。不过突然空出来的空间会令人困惑到底入口通道在什么位置，因此可以通过部分铺装的方式来保证入口通道和停车位的区别。这样的话即便没有车的时候，宽阔的空间里哪一条是入口通道也就明确可辨了。

■ 为了没有车的时候的外观考虑，停车位部分的铺装也可以采用绿化或者独立的装饰的方式替代，以确保美观。

入口通道和停车空间的取舍案例

● 松浦邸　1楼/宫胁檀

玄关·兜间

停车位　　停车位

入口通道

● 田园调布之家　1楼/山崎健一

玄关

入口通道兼具停车位

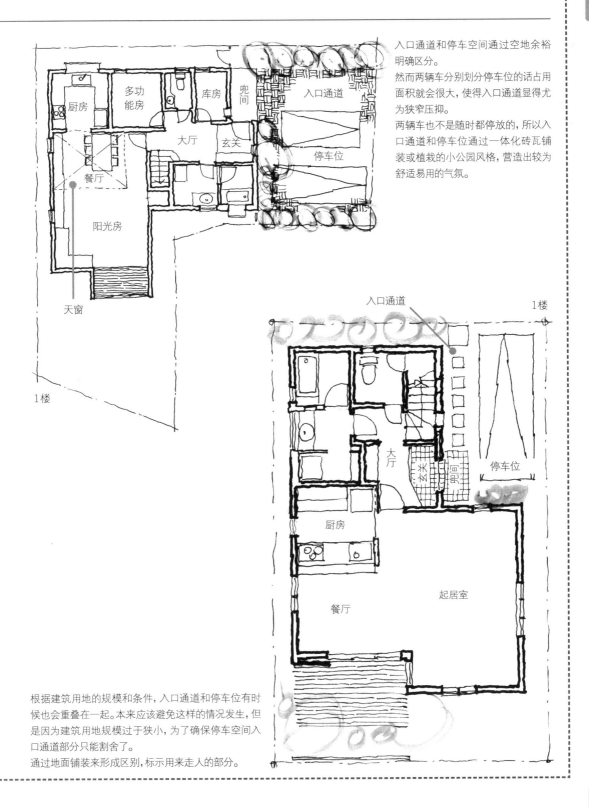

图1

入口通道和停车空间通过空地余裕明确区分。

然而两辆车分别划分停车位的话占用面积就会很大,使得入口通道显得尤为狭窄压抑。

两辆车也不是随时都停放的,所以入口通道和停车位通过一体化砖瓦铺装或植栽的小公园风格,营造出较为舒适易用的气氛。

厨房

多功能房

库房

兜间

入口通道

大厅

玄关

停车位

餐厅

阳光房

天窗

1楼

入口通道

1楼

大厅

玄关

兜间

停车位

厨房

餐厅

起居室

根据建筑用地的规模和条件,入口通道和停车位有时候也会重叠在一起。本来应该避免这样的情况发生,但是因为建筑用地规模过于狭小,为了确保停车空间入口通道部分只能割舍了。

通过地面铺装来形成区别,标示用来走人的部分。

两辆车的停车位

■ 公共交通网络完善的都市里，没有车也能正常生活。然而郊外和农村的住宅中，车辆就是生活必需品了，考虑到家庭成员的使用方便，两辆车有时也是很有必要的。两辆车会占用相当大的面积，车辆种类和停车方法（进入方式、停放方式）都会带来影响。

■ 一般来说，前方面向道路（车头对着道路）两辆车并排停放是保证车辆方便出入所需空间最小的方案（宽6 m，进深5.5 m共计约33 m²）。还有平行停车这种与道路平行两辆车前后停放的方式。这种方式下朝向道路一面的宽度就要保证有13 m以上，有些建筑用地就达不到条件了。

■ 无论哪种方式，两辆车停放对于朝向道路一面的宽度都有要求，有的会切断两边邻居之间本身连在一起的护墙。而两辆车都出去的时候有可能会形成空穴。无论哪种情况对于街道景观的影响都不可忽视。这时通过给停车位增加绿化铺装的话，多少可以补足一下被切断的整体护墙面。

■ 而直接朝向道路两辆车并排的方法对于护墙的切断面就要少很多，甚至只需要一辆车停放的宽度即可。只是在内侧的车辆需要进出的时候必须先移动外侧的车辆，一般不会优先考虑，但是如果外侧的车辆平时就一直在使用的话对于内侧车辆来说也没有那么不自由，这也是一种可以考虑的方案。

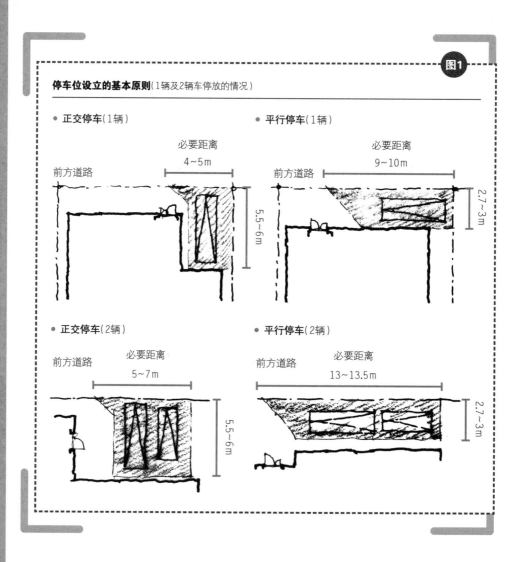

图1

停车位设立的基本原则（1辆及2辆车停放的情况）

● 正交停车（1辆）
前方道路　必要距离 4~5m　5.5~6m

● 平行停车（1辆）
前方道路　必要距离 9~10m　2.7~3m

● 正交停车（2辆）
前方道路　必要距离 5~7m　5.5~6m

● 平行停车（2辆）
前方道路　必要距离 13~13.5m　2.7~3m

图2

停车空间的设计案例

● 从南侧进入的住宅地，并列两辆车的案例

● 从北侧进入的住宅地，纵列两辆车的案例

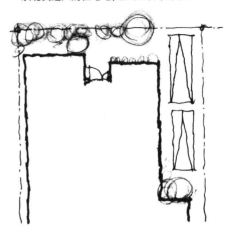

● 调布之家/山崎健一

两辆车停车空间的考量基本采用朝向前方道路的并列停放的方式，但是这里稍微有些问题：

朝着道路的空间的宽度需要尽可能宽，这样很可能会破坏护墙围成的街区整体景观。而两辆车同时使用会形成较大的空洞。这时候就一定要考虑停车位的铺装式样。

虽然纵列两辆车在出入方面需要一些心思，但是对于街区来说造成的影响是和一辆车没有区别的，这是一个优势。

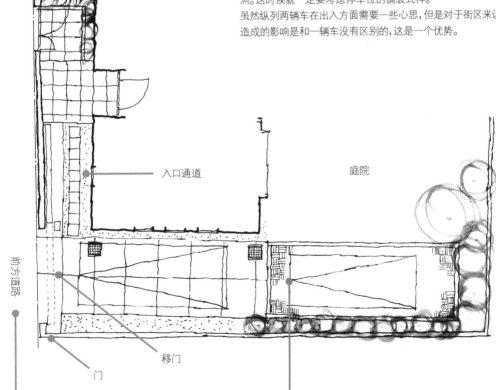

入口通道　　　　　　　　　　庭院

前方道路

移门

门

西侧的道路处留出两辆车的停车空间

深处的空间作为预留的停车空间，虽然位置较远，这里也铺设了砖瓦以形成较好的视觉效果

第5章 设计的各部分细节

自行车停车空间的设置

■ 在停车空间上下足了功夫探讨时，很容易忽视停放自行车的空间。考虑到来往近处及孩子上学方面，还是自行车更为方便，一人一辆自行车的家庭也不在少数。根据不同情况会有小型摩托车、代步车、手推车等。

■ 不能简单地将它们停放在玄关一侧。数量上去后对空间的需求自然也会增大，自行车和摩托车本身也不能淋雨，所以一定要考虑好停放的位置。

■ 一般来说自行车停放位置都设立在停车位的深处，考虑到进出要避开车辆的话，还是需要相当的空间才行。

■ 如果想要进出方便的话，一般是将位置设立在靠近道路的地方，但是考虑到防盗或者恶意损坏之类的问题，一味靠近道路也未必就好。

■ 同时还要考虑建筑用地的形状和布局。如果有玄关以外的方便门的话，在方便门附近设立一个方便的小庭，就可以作为停放自行车的位置来使用。比如紧靠着储物间设立一个有屋檐的停放自行车的车位，或者在靠近道路的出入口安装一个木门等，安全性也会更有保证，停放自行车也可以更加随意一些。

■ 另外公共的自行车停放点通常会使用的立体式停放机，虽然效率更高，但是进出会相当麻烦，对于独栋别墅来说并不现实。

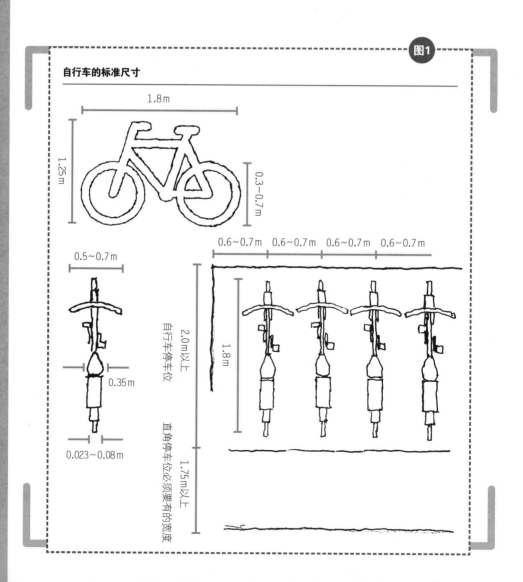

图1

自行车的标准尺寸

1.8m

1.25m

0.3~0.7m

0.6~0.7m　0.6~0.7m　0.6~0.7m　0.6~0.7m

0.5~0.7m

0.35m

0.023~0.08m

2.0m以上
自行车停车位

1.8m

1.75m以上
直角停车位必须要有的宽度

图2

具有自行车停车位的方便小庭样例

前方道路

一体化电表

电桩

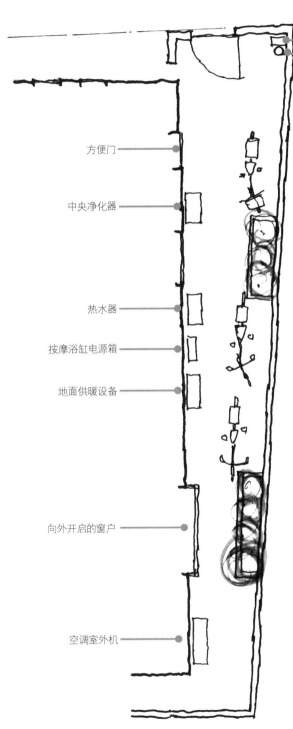

方便门

中央净化器

热水器

按摩浴缸电源箱

地面供暖设备

向外开启的窗户

空调室外机

虽然公共自行车停车位有易于停放的优势，但是稳定性并不好，容易被强风或者路人给带倒。自行车停车位上可以安装简单美观的前轮固定装置来让自行车停放得更稳当。

■ 玄关是从入口通道进入建筑所接触的第一个场所，会给访客留下强烈的印象。所以玄关也被称为建筑的门面。对于归家的家人来说也是一个温暖安心地迎接自己的地方。在考虑布局的时候，不要单独把玄关拿出来设计，而是要放在建筑整体中去考量。过分强调玄关是建筑的门面的话，将其放置到建筑的角落里就会产生不适合的感觉来。

■ 另外，作为入口通道和玄关的关系来说，要避免玄关径直在入口通道的末端，导致玄关门打开的时候从道路上就可以直接看到房间内的状况。从防盗来说虽然有"玄关能看透的话不法分子就没有藏身之处"的说法，但是看得太清楚的规划本身也有问题。

■ 从视野范围来说，玄关设计的基本准则是在玄关门口的来客不能完全看见住宅里面的状况。欧美虽然有打开门就是一片宽敞的空间，家里的样子也完全展示在眼前的设计倾向，这是和日本在建筑方面的思考方式不同造成的。

■ 在日本，玄关是用来更换鞋子，用来分开室外活动和住宅内的生活用的。为了防止玄关门打开时冷热空气突然涌入的情况发生，有时玄关空间也作为挡风间来使用。并且玄关本身也是作为迎接来宾的公共空间，能够看到内部私有空间的话多少会显得有些糟糕。

■ 说了那么多，玄关这个空间请一定要用心设计，要避免狭窄，保证明亮舒适且给人以安心感。

图1

玄关的考量方法

- 玄关的大小总共需要1.8m×2.7m（3个榻榻米的大小）为好。在这样的大小中如何采光需要用心探讨。

- 不能保证玄关外间的深度的时候，可以考虑使用更方便的移门。

- 安装玄关尽头的外开窗户和视野窗户来看庭院的风景可以形成一种绿意盎然的待客环境，采光也更有优势。

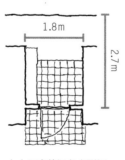

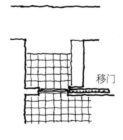

移门

向外开启的窗户

- 向内开启的门考虑到门的轨迹，内侧需要有1.5m的进深。

- 玄关位于建筑的角上的话，可以在外侧墙面开设窗户。

- 大厅如果有待客用的小椅子或板凳等的话会比较方便，因而最好要有6.5m²左右的空间。

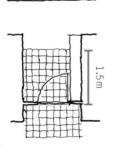

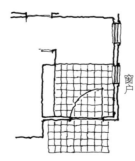

窗户

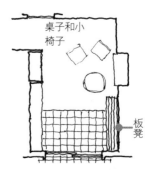

桌子和小椅子

板凳

图2

玄关样例

● **稻垣邸　1楼/宫胁檀**

入口通道沿着北侧边界和建筑的外墙,玄关离大门稍远。

与入口通道的轴线稍微形成一些角度的玄关门在迎接来客的时候能带来热情的效果。

站在玄关口的位置,视线自然向平台延伸,非常美观且有效保护室内隐私。

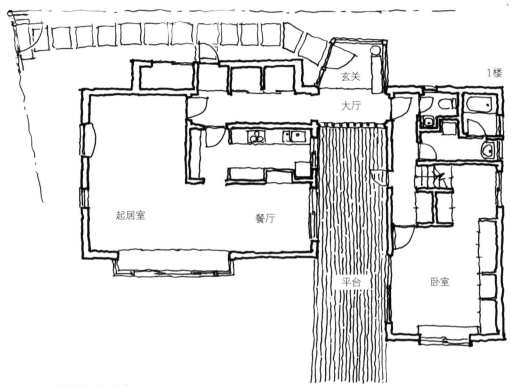

1楼

玄关
大厅
起居室
餐厅
平台
卧室

● **没有正面的住宅/西泽文隆**

以庭院住宅的手法设计的住宅规划案例。

通往玄关的入口通道经过前方庭院,从道路没法直接看到玄关,不用担心暴露隐私。

前方道路

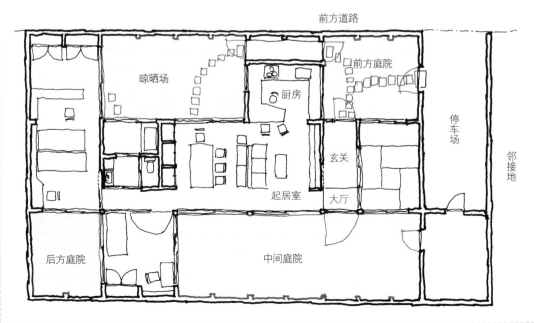

晾晒场
厨房
前方庭院
停车场
邻接地
玄关
起居室
大厅
后方庭院
中间庭院

■ 玄关在建筑中不仅承担着门面的角色，同时也是建筑的主要出入口，并承担着接待来客的作用，以及内外空间连接处的挡风间的用途。并且也许会有不受欢迎的人来访，玄关同样承担着必要的防止违法侵入的安全保护功能。

■ 在欢迎来客进入家里的时候，玄关门向着室内一侧开放比较好。向内开启的玄关门在防止违法侵入时效果也很好，在欧美较为常用，在日本还不太有。如果没有向外或向内开启的空间的话也可以采用双移门的方案，在设计的时候都需要具体讨论。

■ 一般来说在日本的住宅中，玄关是穿鞋的地方，因而就需要足够的放鞋袜和更换鞋子的空间。对于穿鞋来说，有一个能够稍微坐下来的地方是难能可贵的。

■ 大衣、雨披和防寒的衣服等外出用的衣服也会在玄关穿脱，因此收纳场所、收纳方式也需要在设计时商讨。伞之类的雨具也一样。家庭成员和来客分开收纳会更好一些。寒冷地方的暖身装备等也是需要空间的，收纳场所和方式也一定要根据相应情况去讨论。

■ 玄关外间和兜间附近所用的打扫工具能有地方放的话，日常使用也会方便一些。并且玄关也会用作接收快递和邮递物，支付各种费用的地方。印章和笔记工具等放置需要的简单的台面（需要记笔记盖章等）也要考虑到。

图1

玄关附近的道具的摆放方法

在玄关附近需要收纳很多物品。只在墙面安装壁橱可能使用起来并不方便，看上去也未必美观。稍微下一些功夫的话，可以在玄关外间放置一个可以直接使用的鞋柜。在这里安装一个门的话，鞋柜的位置还可以作为内玄关功能使用，也相对比较顺手。

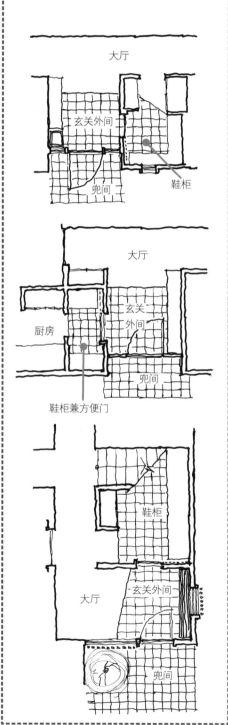

大厅

玄关外间

兜间

鞋柜

大厅

玄关外间

厨房

兜间

鞋柜兼方便门

鞋柜

大厅

玄关外间

兜间

图2

玄关附近的道具的摆放方法

玄关外间及玄关大厅附近最好要考虑留有向内开启的门的轨迹空间、穿脱鞋的空间,以及穿脱外套的空间。

另一方面,玄关附近也最好有大量用来放鞋子、伞、外套等的收纳场所。这些物品都有相应的宽度和深度要求,要同时适合玄关外间和大厅的宽度条件才行。

● **米屋邸　1楼/宫胁檀**

和池田邸一样,越往深处通道越狭窄,但是组成上玄关外间部分为穿鞋处,大厅部分为收纳场所,走廊部分是准备区,深处是卫生间。

● **池田邸　1楼/宫胁檀**

玄关外间部分设有放伞的地方,大厅部分有穿鞋的地方,深处可以悬挂外套,以及更深处的通道部分是卫生间,通过这样的组合越往深处通道部分越狭窄,但是相应地收纳等必要部分就比较宽敞了。

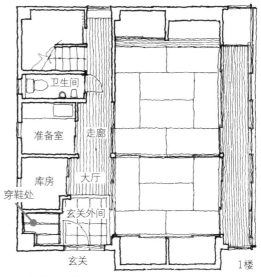

● **箱作之家　1楼/竹原义二**

进入玄关后就是宽敞的玄关外间。这处可外可内的空间即使拎着滴水的东西进来或者冬季用来放盆栽等都很方便,有效发挥了玄关的功效。

玄关外间和板间之间有35 cm的高度差。

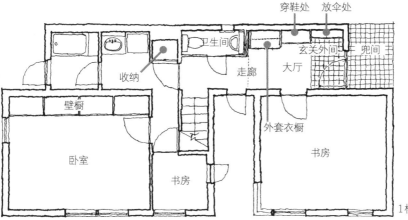

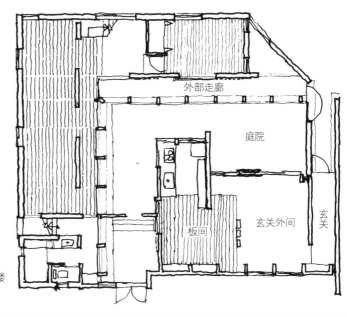

■ 玄关放在整体布局的角落的话，很难让人觉得其适合作为建筑的门面，但是决定玄关位置的要素包括了整体布局、建筑用地的形状和倾斜度、与道路连接的位置及道路斜坡、方位、入口通道规划等很多方面，不能从一开始就认定玄关不能放在角落里，一定要慎重讨论。

■ 玄关放在整理布局的中央位置的话，虽然容易给人以建筑的门面的印象，但是采光就只能从玄关门的一侧来获得了，如果想要玄关足够明亮的话就需要下一番功夫。从玄关门一侧采光很可能导致站在玄关外间的来客逆光的状况发生。为了防止这样的情况发生，可以考虑采用天窗等手段确保别的方向的采光良好。

■ 玄关整体最好有4.5 m²左右（3榻榻米），这样在整体布局中也会显得较为平衡。但是玄关门向内开启的话，就要保证内部留有足够的开门空间。考虑到穿鞋、更换外套、与客人寒暄、平时放伞的空间不重合的话就需要足够宽敞的玄关外间。

■ 玄关大厅和外间能确保有7 m²左右（4.5榻榻米）的话，对于会客来说也会比较方便。谈话时间长一些的时候有凳子就更好了。

■ 为了防止从玄关外间直接看到房间里面，一般会在玄关外间的正面设一面墙，不过稍微下一些功夫在玄关外间正面安设一处风景窗的话，空间上会显得更宽敞，采光也能得到确保，是一种讨巧的设计方式。

■ 玄关附近需要收纳的东西较多的话，可以考虑直接在玄关外间隔壁设立鞋柜，使用起来也方便。

图1

玄关位置的思考方式

● 在角落里的情况

玄关在整体布局的角落里时动线就会较长。房间夹着狭长的中间走廊形式的布局就比较接近下面这种情况。

● 位于北侧中心的情况

玄关位于北侧中心附近的情况下，动线显得更短更简洁。

● 位于南侧中心的情况

玄关位于南侧中心附近的情况下，和北侧中心的情况一样，动线显得更短更简洁。然而和室、起居室、餐厅就没法形成完整的大片空间了。

图2

玄关位置案例

● 林邸　1楼/宫胁檀

没什么要事只是路过打个
招呼的客人一般在玄关处
寒暄就够了。

有时候客人也不适合请到家
里来,如果玄关外间和大厅
里有能够坐下来的小椅子的
话就正好。

林邸的大厅差不多有4.5 m^2,
准备了小椅子和小桌子供
使用。

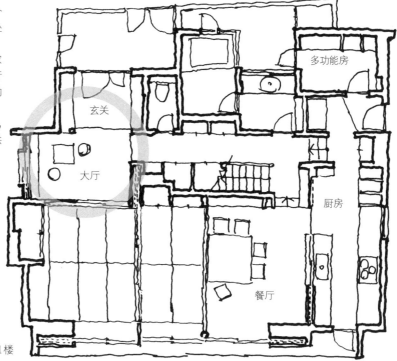

● 浜田山之家/吉村顺三

1楼只有玄关和大厅,主要
部分都在2楼。

即便如此玄关大厅也足够宽
敞,偶尔会客用也已足够,使
用起来也很方便。

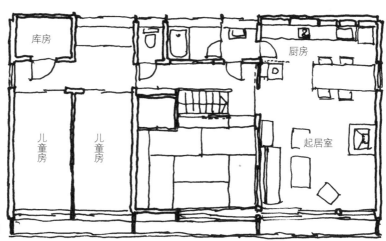

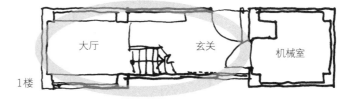

第5章　设计的各部分细节

055

起居空间

■ 整个住宅布局中最大的房间就是起居室了，但是起居室到底承担着什么样的功用是没有明确定义的。

■ 起居室作为家庭成员共有的房间，应该作为公共区域看待，但是家庭成员在这个空间里做什么是不确定的。传统的日本住宅中，家庭团聚的房间是"茶之间"（茶室），而接待来客的房间是"座敷"（榻榻米房间），现在称之为起居室的房间兼具了两者的功能。

■ 住宅中起居室的功能是什么，每个家庭成员虽然会各执一词，但基本上都是可以悠闲过上一天的空间。但是实际设计时并不能简单把榻榻米房间的功能直接赋予起居室。

■ 换个更好的说法，起居室应该是全家人专用的可以放松自己的地方。这样的话，起居室在整体布局中就最好是位于远离玄关、比较深处的位置为好。不直接通向外面的房间也会给人以安定的感受。

■ 起居室的宽敞程度虽然没必要通过打破布局平衡来得到，但是也要尽可能地大一些。因为使用方法还没确定下来，也不知道会放入多大的、什么样的东西，最好留有足够的余裕。当然也不是说只要大就好的，如果考虑好了使用方式的话，就按照使用方式去考量设计。比如说把房间的墙面挖进去一块作为壁龛（墙面的一部分作为收纳空间）使用，或者一部分屋顶略低，在整个房间中营造出一个专用的角落等方案。

图1

家庭起居室的案例（美国的例子）

起居室的使用方法有很多，主要是接待来客或者作为全家人放松的地方，但是也有将这两个功能分开的情况。在美国成品售卖的住宅中，玄关门直接进入后，往往会是一个称之为"Family Room Area"（家庭起居空间）的地方。

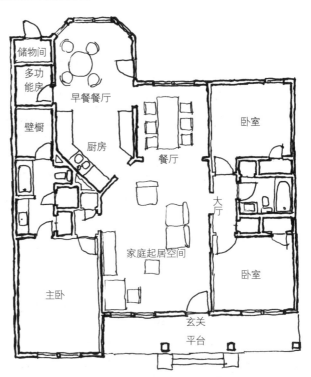

图2

作为家庭居住场所的起居室、作为会客场所的起居室案例(日本的例子)

● 稻垣邸　1楼/宫胁檀
虽然有些距离,不过从玄关大厅笔直走到底就是会客用的起居室。
从这里折返到最深处的地方就是家庭成员用的起居室。
即便有来客的时候,家庭成员也可以通过厨房方便地进出。

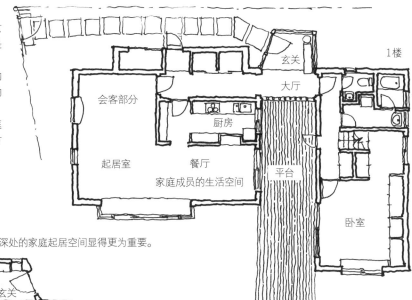

● 新井邸　1楼/宫胁檀
相比玄关一侧的起居室,深处的家庭起居空间显得更为重要。

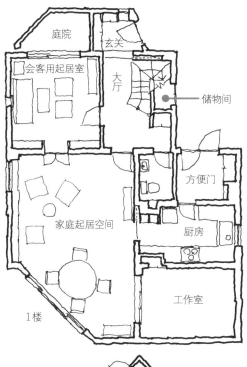

● 岩前邸　1楼/宫胁檀
靠近玄关的起居室用来招待来客,家庭成员放松用的是位于深处的餐厅。

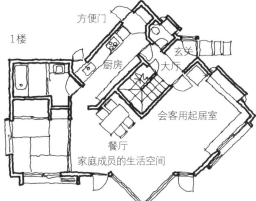

● 山住邸　1楼/宫胁檀
从玄关大厅能直接进入的是会客空间,而穿过餐厅到更深处则是家庭成员的生活空间。

起居室的动线

■ 将起居室作为家庭成员放松用的空间来规划的话，最理想的是那里就是路径的端点，然而因为起居室占据了整体布局中最大的一片面积，其他路线不穿过客厅是很困难的。如果有穿过起居室到其他房间的动线的话，就必须要考虑该动线会不会影响到起居室的使用了。对于宽敞的房间来说斜向穿过房间的动线是最糟糕的状况，这样没法给人以安定感，感觉上也会让宽敞的房间显得更小。这种情况下就要保证穿越的动线保持在最短的状态，最好是沿着墙面移动。

■ 一般来说起居室最好放在1楼。这是出于起居室作为公共空间最好位于玄关楼层的观点，以及和庭院放在一起的想法（因为条件制约没法设计足够大的起居室的时候可以和外部空间一同使用来补全）。然而如果穿越的动线影响较大的话，把起居室放在2楼可能会有较好的效果。在住宅密集地的狭小地势中，1楼的日照或许不能令人满意，也没有足够的空间建造庭院，这样的话把起居室放到2楼可以让生活更为舒适。起居室放在哪一层也要根据实际情况来灵活应对。

■ 而在考量穿越的动线时，也请在平面布局图上标上家具的位置后进行。这样可以从更加现实、细致的角度去思考动线带来的影响。

图1

起居室动线状况良好的样例[1]

● 小出邸　1楼/宫胁檀

起居室位于距离玄关最远的动线端点处。和餐厅形成一个整体，营造出茶室那样可以愉快使用的生活空间。

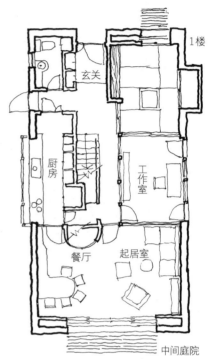

● 鹿岛邸　1楼/宫胁檀

起居室位于距离玄关最远的位置，没有通往其他房间的路径。地板比隔壁的餐厅略低，与地面更为接近，营造出非常安定的空间。

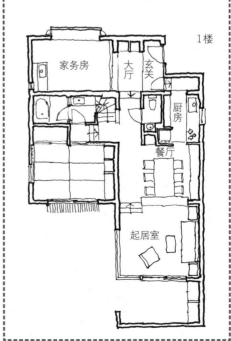

图2

起居室动线状况良好的样例[2]

● **浜田山之家/吉村顺三**

作为放松用的房间，起居室最重要的是能让人感到安定。而满足这一点的一种方式就是保证没有需要穿过起居室的房间。

浜田山之家的2楼凸出房间作为起居室使用，可以不受任何影响安心享受生活。

厨房部分可以从左边的洗漱间直接进出，保证了起居室较高的独立性。

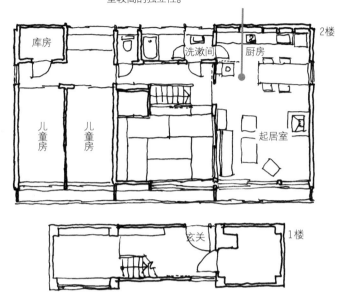

● **金泽邸/宫胁檀**

コ形的布局的一侧是起居室，另一侧是卧室，各自具有较高的独立性。

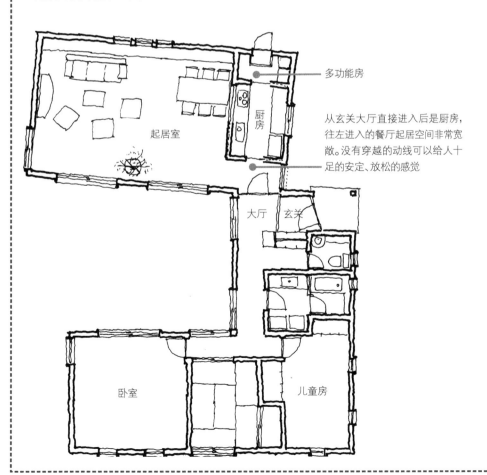

从玄关大厅直接进入后是厨房，往左进入的餐厅起居空间非常宽敞。没有穿越的动线可以给人十足的安定、放松的感觉

确定起居室中心的思考方式

■ 作为布局设计的基本原则，要把实际会使用到的家具都画在平面布局图上再进行各房间的细致探讨。

■ 在探讨起居室的使用方式时也要遵守同样的原则。家庭团聚大家分别做自己喜欢的事情的时候，到底是坐在地上、搬沙发过来、搬椅子过来，是否使用被炉等，从可以确定的事情上着手设计吧。

■ 能够确认房间的中心的话，也可以把探讨进程往前推一步。作为房间的中心来说的话，比如传统日本住宅中的榻榻米地板就是一例，现代的起居室中一般以电视机来代替。

■ 虽然电视机的尺寸越来越大，但都更新换代成厚度较薄的液晶电视了，因此选择放置的位置也变得容易起来。

图1

确定起居室中心的思考方式

在住宅的布局中，起居室很可能是面积最大的房间。家庭成员团聚一起放松休闲的空间当然大一些会更舒适，但只是大还不够。起居室有了作为中心的对象后才会显得更丰富。在和室中心对象基本上就是榻榻米，而西式房间中则是电视机、家庭影院、壁炉、钢琴、大餐桌、阳光房的观赏植物、窗外风景或借景等。

● **横尾邸/宫胁檀**
2楼是整体的餐厅。上到2楼则可以看到一个圆形的下凹空间。

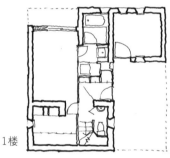 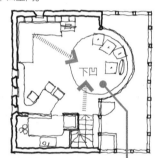

● **蓝色箱体/宫胁檀**
Z形的房间一角的休闲的下凹空间就是这个空间的中心。这个凹坑本身也是一个巨大的家具。

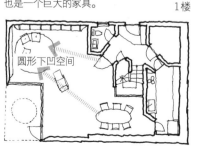 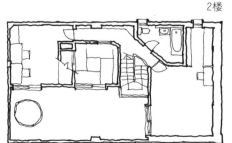

■ 在探讨起居室的布局的时候可以和电视机的放置场所一同探讨，随后男主人和孩子等的居住场所也就可以加入考量中了。

■ 起居室的中心不限于电视机，也可以是音乐器材、暖炉、植物、水族缸（养着热带鱼等的大型水槽或者小型水族馆），或者窗外的风景。

■ 总而言之，确定了房间的中心轴，就可以依次来考虑人的居住场所了。然后就可以确定行走的动线会带来什么样的影响了。

■ 如果要让起居室变得足够活泼的话，就要保证这里是住宅中能令人愉快舒适的地方。不光是动线，还要从采光方法、空间构成、地面供暖等设备各方面来讨论。

图2

确定起居室中心的样例

● 内藤邸/内藤恒方

从餐厅到起居室的巨大空间统统作为起居室来使用。

这个空间的中心是从房间里看起来位于2楼的温室，从高处的窗户照射进来的阳光充分洒落在温室部分，空间整体也缓和地向这个方向流动。视线渐渐就被温室吸引过去了。

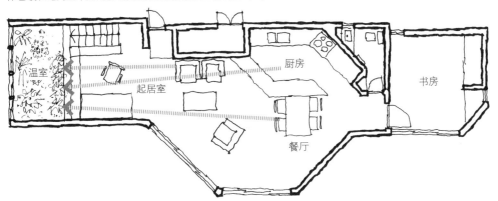

● 中山邸/宫胁檀

起居室的中心虽然是暖炉，但是朝向三个方向的视野正好可以连接到三个方向的庭院（南侧外庭院、北侧内庭院、东侧中庭院），令人倍感开放、舒适。

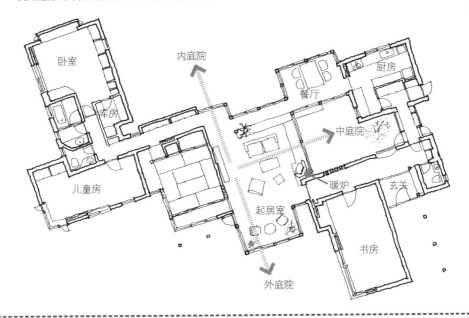

第5章 设计的各部分细节

058

家庭室[1]

■ 家庭成员团聚一堂,各自自由做自己喜欢的事情的起居室虽然已经有了,但是往往家庭成员很难召集到一块,而且来客还比较频繁,起居室就作为会客接待的地方使用了。

■ 从分区域的角度去思考的话,无论是供家庭成员用的空间还是供来客用的空间,都属于公共区域,然而同一个空间中两方一同使用的话,家庭成员一方不免会更加谨慎而没法自由自在地沉浸在自己的世界里。会客用的空间如果算作典型的公共空间的话,那只供家庭成员自由使用的空间,从家庭成员的角度来看就是私密空间了吧。

■ 不妨试着设立一个只供家庭成员自由使用的房间作为私密空间。对于家庭室的称法,日本比较接近的有茶室,欧美则有"Den""Family Room""Breakfast Area""Game Room""Nook"等。虽然称呼方式各不相同,原本意义也稍有区别,但是作为家庭成员放松的私密空间的用途是共通的。

■ 家庭室原则上是不考虑客人使用的,处于远离玄关的位置。全家人聚在一起放松休闲的方式和用餐有着较深的关系,因而常常会紧挨着厨房。参考日本的茶室的用法,家庭室也常作用餐的场所使用。

■ 根据生活方式的不同,整体布局中可以不需要起居室,而用家庭室来取代。这时候会客就基本在玄关处进行了。

表1

从分区来看家庭室的位置

分区	特征	房间名(例)
公共区域	正式感比较强的区域	玄关
		接待室
		客间、榻榻米房间
	家庭成员共用的区域	起居室
		化妆间
		卫生间
		餐厅
	公共和私密的中间区域	餐厅
		厨房
		多功能房
		方便门、内玄关
		茶室、家庭室
		走廊、楼梯
个人区域	个人专用	房间、儿童房
		卫生间
		洗漱间、更衣室
		浴室
		库房
		主卧

将家庭成员共用的区域定义为公共区域的话,家庭室显然属于公共区域。
而从家庭成员可以无忧无虑安心放松的空间来看的话,家庭室又无限接近于私密区域的范畴。

图1

家庭室的位置案例

将起居室视作家庭成员可以放松兼做接待来客用的场所的话,那么随意使用的意愿和正式礼仪场所的功用就混在了一起,结果就成了一个两难的尴尬的房间了。

● **美国的住宅**

以美国的现成售卖住宅为例,从玄关进入后往往左边进入一个的小书房就是会客用的房间。而占据整体布局的中心部分的家庭室和周边的房间则是家庭成员的居住空间。

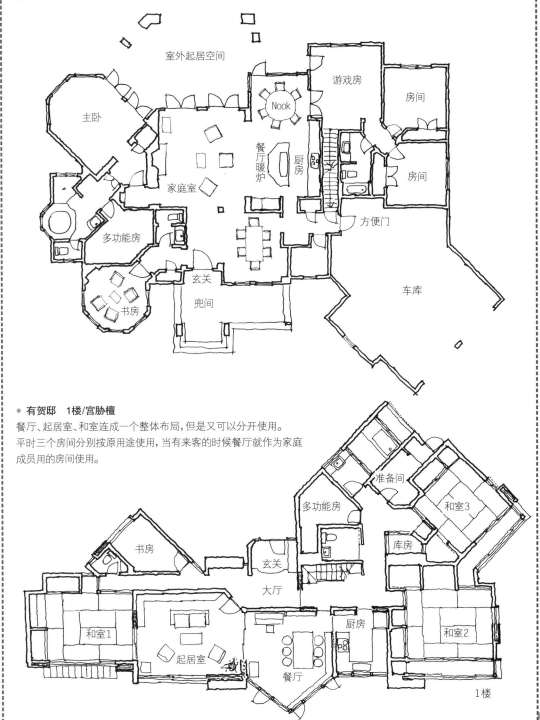

● **有贺邸　1楼/宫胁檀**

餐厅、起居室、和室连成一个整体布局,但是又可以分开使用。
平时三个房间分别按原用途使用,当有来客的时候餐厅就作为家庭成员用的房间使用。

1楼

■ 被正式定义为家庭室的房间一般不太容易看得到。有的话也多是在养老院和寝室等中，供家庭使用的家庭室。然而这里所说的家庭室是前面所提到的，在住宅中供家庭成员自由使用的私密空间的意思。

■ 家庭室在整体布局中的位置则是以家庭成员可以悠闲放松为第一考量的，不一定要朝向南面。而是否可以作为用餐的空间是可以考虑的问题。这样在某个家庭成员准备餐点时也可以和其他家庭成员共享时间和空间，相比一个人在较远处劳作也显得更为轻松一些。这样一想的话，家庭室和厨房等形成一个空间也是不错的。

■ 要想办法把全家人在一起用餐的空间营造成整个住宅中最舒适的地方。比如说即便不朝着南面，也要保证足够明亮，可以从窗户看到室外的景色，面积可以根据家庭成员期望的生活方式来决定，但基本上是越大越好的。

■ 家庭室的目的是让每个家庭成员可以享受做自己喜欢的事情的乐趣，优哉游哉地在这里生活。内装方式也要考虑周到。比如说地面铺设要考虑能够坐下躺下舒适，采用软垫或者榻榻米的形式。墙面也不能仅满足于作为墙面功能使用，比如说可以把一整面墙作为白板，把想到的事情马上描绘出来，这样使用起来也会更为方便。

图1

家庭成员能够聚集一堂的关键词

能够聚集一堂说的并不是强制聚集在一起，而是自然而然地被吸引到那里。以下的关键词可以作为营造充满魅力的空间的参考：

- 宽敞
- 明亮
- 温暖
- 柔软
- 安静
- 愉快
- 没有闪烁的装饰
- 能获得各种信息
- 不拘一格

下例中餐厅、厨房、起居室都设立在明亮的东侧，家庭成员就会自然而然地聚集到这里。

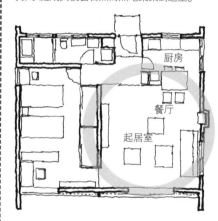

下例中西南角落有个宽敞的起居室，和餐厅、厨房邻接，使用起来非常舒适。

图2

将使用舒适的地方作为家庭室使用的案例

满足使用舒适的场所的条件各种各样,日照和视野是其中两点,但也不仅限于这两点。

● **法国的住宅**
虽然是一个小民宅,但是餐厅位于东南角落,营造出一个令人感到舒适的家庭成员生活的场所。

● **藤江邸　1楼/宫胁檀**
用餐的地方自然而然就成了家庭成员聚集的地方。

● **富士道邸　1楼/宫胁檀**
家庭室需要考虑到方便家庭成员进出各自房间。

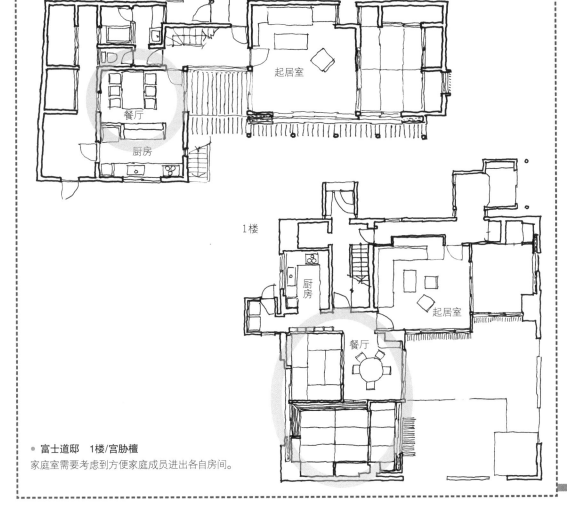

用餐场所[1]

■ 关于为什么要自己着手建造住宅，每个人都会有各自的理由和想法。但是追根到底都是要有一个能保证"吃"和"睡"的地方吧。两者都是人类生存不可缺的要素，想要有一个能确保这两者的场所是非常自然的。

■ 特别是用餐的场所，是家庭成员照面、互相报告近况、确认日程安排、闲聊等共同度过时间的重要地方。然而现代人利用时间的方式各不相同，大部分家庭只有在周日的早上家庭成员才能在餐桌前全部露面。

■ 在探讨用餐场所的问题时，就需要考量如何能够让这个宝贵的时间过得更为舒适。空间面积的平衡、房间的亮度、房间的表面材料纹理、照明和空调的状况等各个要素都会对用餐场所的舒适度产生影响。如果只考虑早上使用舒适的话，那么在布局上请务必以朝阳能够照射到用餐场所为基本方针。一日之计在于晨，早上对于一天的心情影响是很大的。

■ 朝阳能够照射到的房间就是在整个建筑用地中靠东面的位置，考虑到是否有高地或者低地、东侧方向邻居住宅的情况等的影响，能否照射到朝阳还会受到各种状况制约。根据季节不同，太阳升起的位置也会不一样，随着时间变化太阳高度会发生变化，不可能一直照射到同一个地方。还要注意随着季节和时间推移，阳光以接近水平的位置照射进来会直接照在餐桌边的人脸上的状况。

图1

朝阳能够照射到的用餐场所

用餐场所安设在朝阳能够照射到的地方为好。用餐场所虽然最适合于家庭成员聚集在一起放松享乐，但是如果朝阳能够照射到这里的话，会给人一天都带来充足的精神。

● 仙台的住宅　2楼(公共区域)/永田昌民
用餐区域和起居室设计在2楼，朝阳可以不受到邻居建筑的影响照射到房间内。

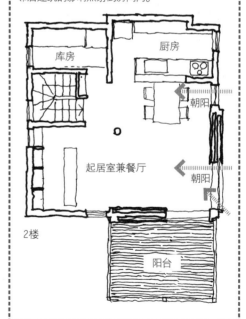

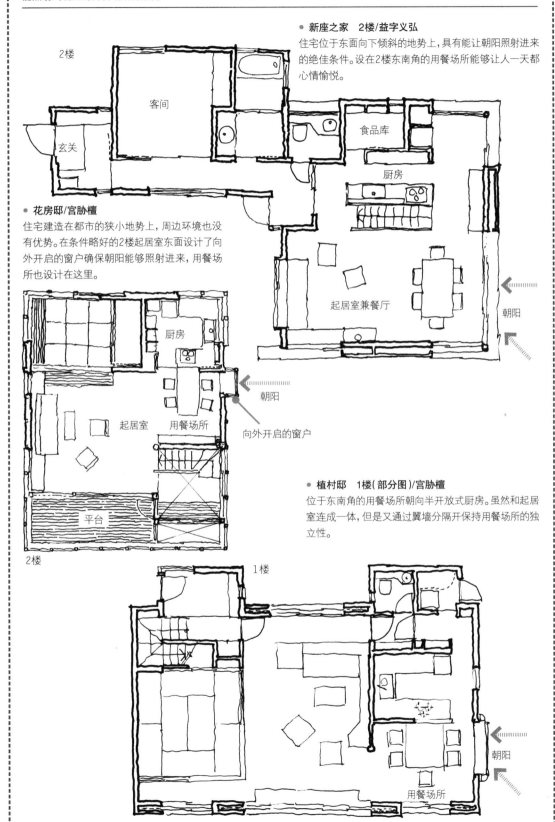

图2

能照射到朝阳的用餐场所的案例

● **新座之家　2楼/益字义弘**
住宅位于东面向下倾斜的地势上,具有能让朝阳照射进来的绝佳条件。设在2楼东南角的用餐场所能够让人一天都心情愉悦。

2楼

客间

玄关

食品库

厨房

起居室兼餐厅

朝阳

● **花房邸/宫胁檀**
住宅建造在都市的狭小地势上,周边环境也没有优势。在条件略好的2楼起居室东面设计了向外开启的窗户确保朝阳能够照射进来,用餐场所也设计在这里。

厨房

起居室　用餐场所

平台

2楼

朝阳

向外开启的窗户

● **植村邸　1楼(部分图)/宫胁檀**
位于东南角的用餐场所朝向半开放式厨房。虽然和起居室连成一体,但是又通过翼墙分隔开保持用餐场所的独立性。

1楼

朝阳

用餐场所

■ 在欧美，用餐结束后餐厅会被男性用作抽烟喝酒聊政治经济话题的场所，而女性和儿童就会去另一个房间放松休息，据说这是家庭房的来源。有这样的习惯家庭成员休息用的房间紧挨着餐厅也就很容易理解了。

■ 现在，餐厅在用餐结束后也可以作为家庭成员做各自事情的地方，比如主妇会做一些自己的活计，孩子从学校回来后也会在餐厅做作业等，使得餐厅有着多种不同的使用方式。这里作为家庭室使用也就不足为怪了。

■ 这样一来，餐厅就会形成紧挨着厨房并通往家庭成员各自的房间的布局。这些分为LDK型、L+DK型、LD+K型，以及L+D+K型

（L起居室、D餐厅、K厨房）等。比如小住宅中常见的是LDK的布局，单间化后可以重复利用同一片空间，规模较小的布局中也可以比较顺利地使用。家庭成员可以安心舒适地在一起生活。

■ 用餐场所的面积从保证用餐的基本要求来看，足够容纳用餐人数总数即可。用餐可能有西式（椅子）和日式（榻榻米）的区别，但是必要的面积基本上是一样的。4个人的情况下，面对面坐大约需要7 m²的空间，围着坐则需要约10 m²的空间。这样可以保证坐着的人后方有足够通行的空间。

图1

用餐场所的桌子和椅子的摆放

标注了标准的用餐场所和桌子的尺寸（mm）。居酒屋的单间基本上也是按照这个比例设计的。

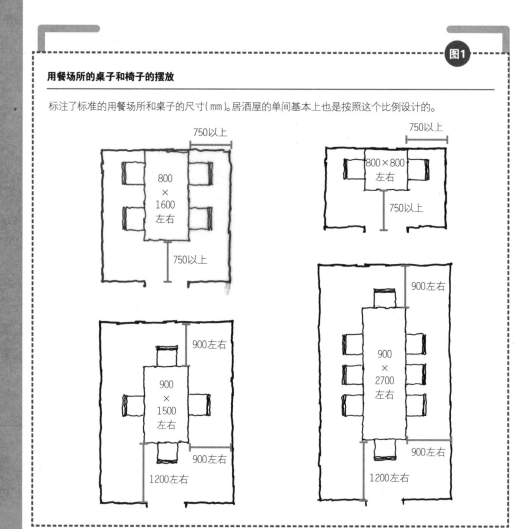

图2

做饭和用餐都能愉快进行的思考方式和案例

家庭成员用餐后继续闲散着留在餐厅,不知不觉餐厅就变成了家庭室。餐桌也不仅仅用来放食物,也可以用来读书看报写东西等,有着多种用途。为了能够不用立刻整理就能接着做下一件事情,桌子尽可能大为好。

桌子一般都是矩形的,也有圆形和椭圆的款式。桌子一端到墙面的距离要保证能有拉动椅子的空间,围着桌子坐的情况下还要预留椅子后供人行走的空间来。上餐的地方还要流出额外的余裕。

开放式厨房对于做饭和用餐两方面来说都能愉快进行,是两代人同居的住宅中常见的情景,这种情况下用餐场所就设立在整个餐厅动线的中间供家庭成员一同使用。

● **下立邸　1楼/宫胁檀**

此案例中,在用餐场所里放置了一个1.6 m长的大型餐桌。

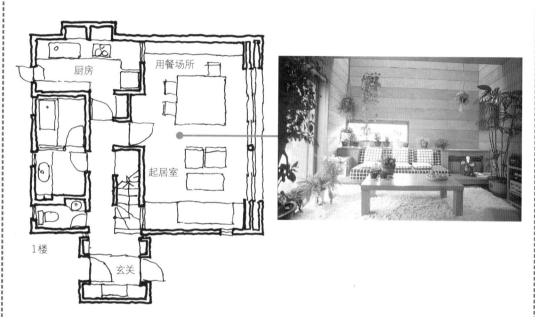

● **福村别邸　2楼/宫胁檀**

兼具餐桌功能的料理台作为用餐场所使用。

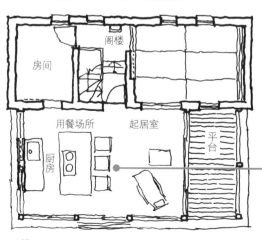

厨房 [1]

■ 厨房是准备餐点及餐后整理用的空间，根据和用餐的场所（餐厅和餐桌）的连接方式，又要分成几个类型来讨论。

■ 封闭式厨房是指单独一间的厨房，和用餐空间分开来使用。从布局上来说分为LD+K型和L+D+K型。封闭式厨房据说适合于想要专心制作料理的料理爱好者。和其他房间分隔开，可以防止料理中产生的声音和气味对其他房间产生影响。并且在料理中稍微有些散乱也完全不用操心。墙面也可以灵活运用，可以保证足够的收纳空间。但是在做饭的时候没有办法和家人沟通，容易被孤立，还有诸如上餐、收拾餐具都由谁来做，需要什么样的动线等麻烦的问题。

■ 开放式厨房方案将厨房和用餐场所连接，中间没有墙壁分隔。从布局上来说主要有LDK型和L+DK型两种。这种形式一般来说比较重视家庭成员的交流，在开放式厨房中可以和家人搭话，可以照看儿童，而且家庭成员谁都可以参与到做饭的过程中来。而作为代价，墙面部分就较少，收纳空间稀缺，并且在做饭过程中的噪声和气味等会扩散到其他房间里。根据设计内容来看，有时需要在厨房以外的其他房间铺设防火的内部装修材料。

■ 半开放式厨房指的是厨房和餐厅的连接中有一处垂墙等分隔，稍微控制了开放的程度，这种形式结合了全封闭式和全开放式两者的优点，常常被采用。

图1

厨房类型的思考方式

根据做饭（厨房）和用餐（餐厅）的连接方式，厨房分为下列形式：

● **封闭型**

厨房单独占用一个房间的形式。厨房作为做饭用的场所，会产生一定的噪声、气味、脏污等，封闭式厨房可以不用顾虑这些问题，而且有足够多的收纳空间，深受爱好料理的人喜爱。

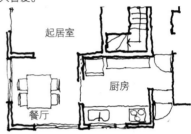

● **半开放型**

墙壁一部分有空缺，形成向着餐厅一侧开放的厨房形式。兼具封闭式厨房的优点，家庭成员间可以交流，减少做饭的人的孤独感。

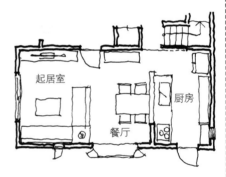

● **开放型**

做饭的地方、用餐的地方，以及起居室形成一体的空间设计形式。做饭的人和用餐的人整体感强烈。工作台的线条可以考虑不沿着墙面，而是向着LD方向设计。

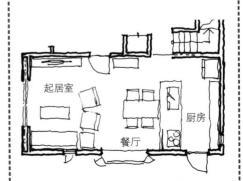

图2

厨房类型案例

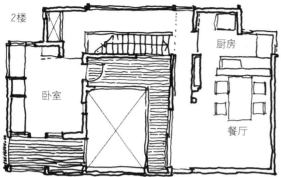

2楼

卧室

厨房

餐厅

● **岩仓之家　2楼/竹原义二**
开放型的案例。厨房的料理台向着餐桌一面。

● **植村邸　1楼/宫胁檀**
半开放型的案例。厨房燃具前方的墙面向着餐桌一面开放。

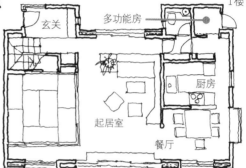

1楼

玄关

多功能房

起居室

厨房

餐厅

● **木村邸　1楼/宫胁檀**
封闭式厨房和餐厅形成紧挨的位置关系的案例。

1楼

卧室

玄关

厨房

起居室

餐厅

平台

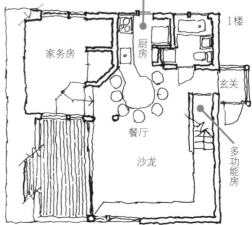

1楼

家务房

厨房

玄关

餐厅

沙龙

多功能房

● **柴永邸　1楼/宫胁檀**
厨房的路径朝向餐桌一侧，是单间构成的独特案例。

063

厨房 [2]

■ 虽然主卧、儿童房等以外的房间基本上全是公共区域，但是起居室、餐厅、厨房三者因为强烈的关联性一般在布局探讨时会放在一起讨论。

■ 将餐厅和厨房贴近起居室布置会比较易于使用。厨房可以在整体布局中占据最大面积的起居室位置确定之后再开始探讨。

■ 在决定厨房位置的时候，不仅要根据厨房的种类及用餐类型等来考虑，还要讨论食材搬入、储藏的方法、厨余垃圾的处理等要素。食材的搬入和厨余垃圾的处理需要考虑和外部的连接，因而可以和玄关或者方便门位置关系一同探讨。

■ 因为厨房和起居室的关联性很强，所以要根据起居室是在1楼还是2楼来确定厨房的位置。厨房位于2楼或玄关和厨房距离远的话，食材的搬运距离就会增长，并且会和其他动线重叠，还会带来增设方便门的问题。

■ 为了解决这个问题，可以考虑把玄关也设在2楼，通过外部的楼梯直接上到2楼。玄关和厨房位于同一层，至少布局上的一些问题就好解决了。如果从外部楼梯直接上到2楼很吃力的话，也可以设计成两段式的玄关。又或者，设立一处和1楼玄关不同位置的1楼方便门，从方便门通过楼梯直接上到2楼的厨房。方案有很多种，不妨比较着考虑一下。

图1

2楼厨房和玄关位置关系的思考方式

● **设置在1楼**
是否承担方便门的功能？是否和玄关重叠设置？可以有多种布局方案。

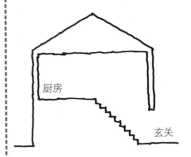

厨房
玄关

● **设置两段式玄关**
两段式的玄关中间部分可以方便家人停下来休息，方便食材的搬入、厨余垃圾的搬出。

厨房
玄关

● **设置在2楼**
和公寓住宅的2楼住户一样，厨房和玄关的关系可以像平房一样来处理。

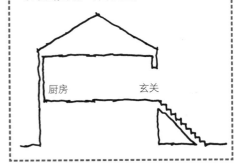

厨房
玄关

图2

2楼厨房和玄关的位置关系案例

- 船桥邸/宫胁檀

玄关位于1楼的案例。侧面就是方便门，可以直接上到2楼厨房。

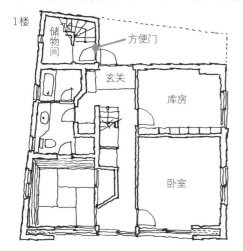
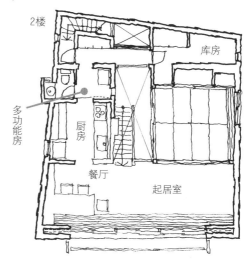

- 三宅邸/宫胁檀

两段式玄关的案例。走一半台阶到达玄关，再走一半台阶可以到起居室和厨房。

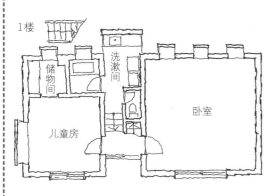
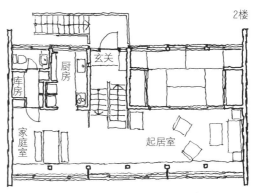

- 奈良邸/宫胁檀

玄关在2楼的案例。从外部楼梯一口气上到2楼的玄关入口的结构。

■ 起居室（L）、餐厅（D）、厨房（K）三个空间之间有着很强的联系，它们的连接方式有LDK型、LD+K型、L+DK型、L+D+K型四种。

■ LDK型的三个空间呈线形单间排布，构成开放式的厨房形式。全家人都可以参与到做饭中来享受其中乐趣。工作台上杂乱摆放的食材、餐具、厨具能够呈现出活跃的气氛来，需要整洁的时候也可以通过盖上工作台的方式达成。需要注意的是，这种形式根据厨房的位置对于墙面和屋顶材料都会有一些限制。

■ LD+K型为独立的厨房。分为厨房出入口直接对着LD空间，或者厨房和LD之间通过走廊等其他空间来连接的形式。后者的

厨房独立性更强一些，但是做饭的人和餐桌上的人的交流就比较困难，配菜做饭时人手也会比较缺乏。

■ L+DK型的起居室为独立的房间。厨房可以是半开放或者全开放形式。和L分开的DK空间很难作为正式的场所使用，容易形成家庭室的氛围。与之相配的，半岛式工作台的开放厨房可以让全家人都参与到其中、享受其中。

■ L+D+K型的每一间都可以单独使用。3个房间连在一起，可以通过门来分隔开方便直接进出，也可以是夹着走廊的形式。这种形式更倾向于正式使用的场合，厨房中如果有简单用餐和休息的地方就更方便了。

图1

L、D、K的讨论顺序和4种类型的布局案例

从易于使用的方面来看，L、D、K之间有着很强的联系，要首先考虑其中面积最大的起居室的位置。起居室的位置确定后，邻接的餐厅位置就可以确定，然后就可以讨论厨房的位置了。然而厨房还有很多必须单独拿出来探讨的要素。

1　起居室的位置（1楼、2楼、其他）
2　起居室和餐厅的连接（LD、L+D、DL）
3　餐厅空间的方位（东、南、其他）
4　餐厅和厨房的连接（D+K、DK、LDK）
5　厨房的吸排气通道（通过管道还是其他）
6　从外部进入厨房的通道（1楼、2楼、其他）
7　做饭过程中眼睛的休息方式（门窗的设置）
8　厨余垃圾处理（厨余垃圾分类、暂放）

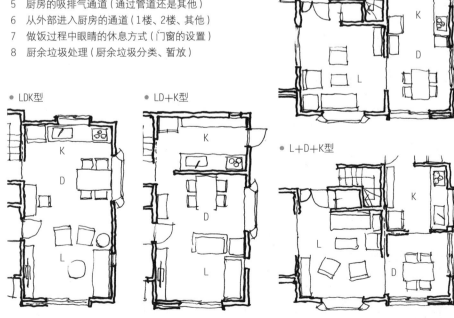

图2

厨房、起居室、餐厅的位置关系案例

● **藤冈邸　1楼/宫胁檀**
L+D+K型。起居室、餐厅、厨房分别独立,但是位置紧邻使用起来也很方便。

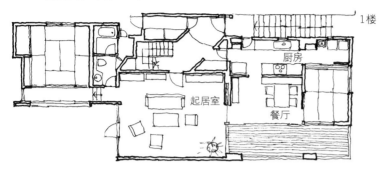

1楼

● **富士道邸　1楼/宫胁檀**
L+D+K型。起居室、餐厅、厨房分别独立的结构。

● **森井邸　2楼/宫胁檀**
LD+K型。厨房和餐桌间的隔墙为全开放式。厨房朝向南面采光良好,视野令人愉悦。

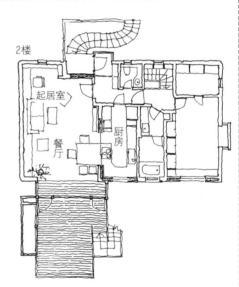

● **藤江邸　1楼/宫胁檀**
L+DK型。厨房和家庭室之间是餐具架,三者基本独立。使用起来和L+D+K基本没有区别。

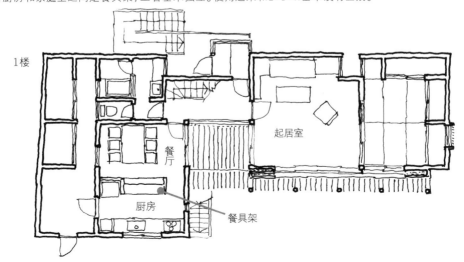

餐具架

■ 厨房是做饭、清洗厨具和整理餐具的地方。探讨厨房布局的基本就是要保证这些工作都可以有理有条地完成。至少需要的有清洗食材和餐具的水槽、烹饪用的炉具、切配食材用的料理台、存放食材用的冰箱等。

■ 在考虑布局的时候，频繁使用的水槽、炉具和冰箱三者的位置一定要考虑到，还要考虑厨房的出入口位置、和餐厅的位置关系、窗户的位置、做饭的人的顺手问题等。布局的要点是要把火、水、冰三点（三点连接起来的三角形被称为"工作三角"）间的动线控制到6m以内。这个距离能短则尽量短，可以一边模拟一边探讨。

■ 厨房的工作台布置有单列型、双列型、L型和U型四种基本形式。而U型更能有效缩短工作三角的长度。采用U型的话，在布局规划中就可以控制到做饭的人只需要左右转动身体而基本不需要走动的程度。

■ 但是在思考工作三角的时候也需要重视厨房、餐厅和餐桌的位置关系。冰箱和餐厅也有直接联系，也需要考虑冰箱从餐桌一侧的使用便利性。除了封闭式厨房以外的情况下，探讨布局规划时一定要考虑在厨房中做饭的人和餐厅、餐桌一侧的人的交流。

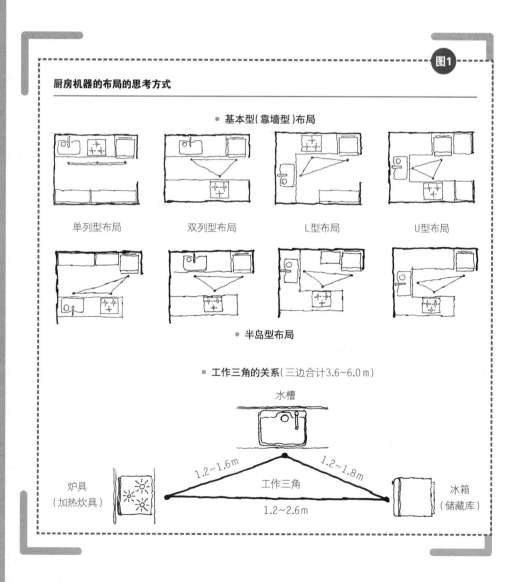

图1

厨房机器的布局的思考方式

● 基本型(靠墙型)布局

单列型布局　双列型布局　L型布局　U型布局

● 半岛型布局

● 工作三角的关系(三边合计3.6~6.0m)

水槽

1.2~1.6m　　1.2~1.8m
炉具（加热炊具）　工作三角　1.2~2.6m　冰箱（储藏库）

图2

厨房的工作三角的案例

● 藤江邸(部分图)/宫胁檀

单列型布局。水槽背面的餐具架边上可以放置冰箱。通过这样的方式得到和双列型相近的使用方法。

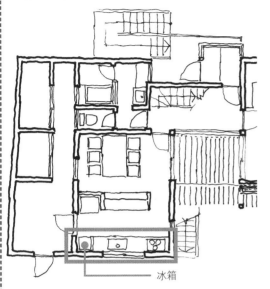

冰箱

● 富士道邸(部分图)/宫胁檀

U型布局炉具右边安设有冰箱,使得工作三角最小化。不过冰箱的位置和餐厅的联系也需要考虑进去。

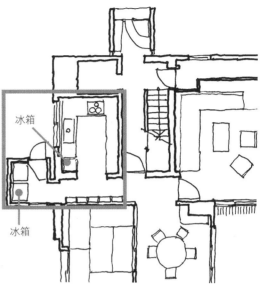

冰箱

冰箱

● 藤冈邸(部分图)/宫胁檀

双列型布局。水槽和炉具控制到最短距离,易于使用。冰箱靠近餐厅和方便门,使用起来更为方便。

冰箱

● 木村邸(部分图)/宫胁檀

L型布局。冰箱位置接近于U型的方式。冰箱靠近餐厅一侧摆放使用起来更方便。

冰箱放在对侧

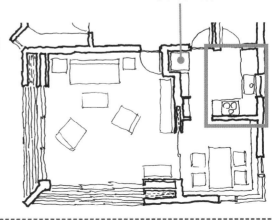

第5章 设计的各部分细节

家务房 [1]

■ 家务指的是日常生活中各种事务，比如打扫、洗涤、熨烫、烹饪、购物等。家务房则可以作为管理这些事务的汇总点。

■ 需要管理的内容有家务管理（洗涤、熨烫等）、信息管理（对讲器、电话、电脑等）、维护管理（维护记录、机器的说明书和保修卡等的保管）等。

■ 原则上家务是由一家人一起分担的，而事实上往往交给在家时间较多的家庭主妇，家务房有时候也可以认为是家庭主妇的生活场所。

■ 家务房的形式有专用房间型、角落型、开放型（共用型）等。采用何种形式根据整体布局的平衡及使用方法来决定。作为家庭主妇的生活场所来使用的话专用房间型居多，家庭成员一起承担的话便于大家使用的角落型较为常见。

■ 家务房作为住宅管理中心的角色，朝向住宅中动线较粗的一面会更便于使用。设立在具有洄游性的动线上的话，从住宅的任何地方都可以方便进入，管理起来也更灵活。

■ 家务中比如烹饪会有厨房这样的专用场所，洗涤也会在洗漱间和更衣室中进行。在考虑家务房的面积和位置的时候，一定要和实际使用这个空间的人面对面商谈来决定。

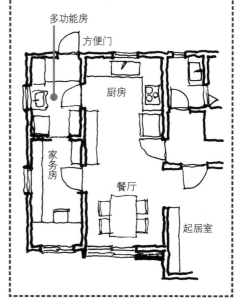

图1

家务房的功能的思考方式

● 监视塔型
设立在能看到整个住宅的位置的形式。
主要作用是家务管理，也可以作为家庭主妇专用的场所。

● 通过型
适合于家务管理的使用方式。
不只是家庭主妇，通过这里的任何一个家庭成员都可以很方便地使用。

● 角落型
兼具家务管理和家庭主妇专用功能。
根据角落的位置可以是监视塔型或者家庭共用的通过型，具有广泛的使用方式。

● 专用房间型
可以用于家务管理，不过更多的是作为家庭主妇专用的兴趣房使用。

多功能房
方便门
厨房
家务房
餐厅
起居室

图2

家务房功能案例

● 调布之家　1楼/山崎健一

角落型的家务房。起居室、用餐角、厨房、家务角位于一整个房间里。房间一侧的家务角可以看到房间的每一处，家庭成员可以一边做事一边观察。

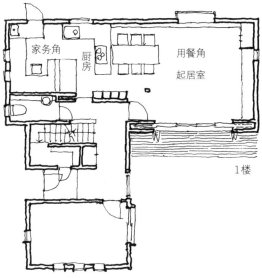

1楼

● 林邸　1楼/宫胁檀

通过型家务房。位于厨房向起居室延伸的位置。起居室及厨房两边都可以看到，一方面便于观察家庭成员动向，一方面又便于发挥家务房的功能。有需要的话也可以关上移门作为独立空间使用。

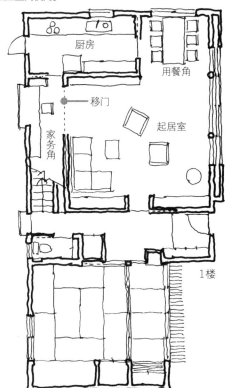

1楼

● 立松邸　2楼/宫胁檀

监视塔型的家务房。面向2楼打通的DK中间有一处家务角。家庭主妇基本上一整天都可以待在那里，而且又可以关照到家里的每一个角落，是管理住宅信息和维护管理等的最佳场所。

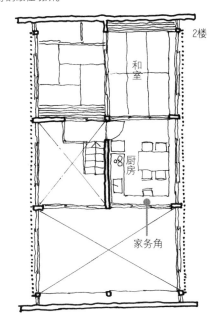

2楼

● 菅野邸　1楼/宫胁檀

通过型家务房。家庭主妇一天的生活基本上都可以在这里度过，比起居室要稍高一些，如同船上的驾驶室一般视野良好，很适合作为管理的场所使用。

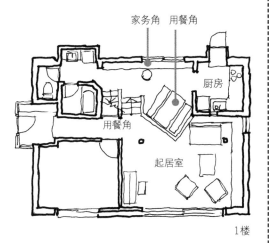

1楼

■ 作为独立专用房间的家务房布局受到家庭主妇的欢迎。其原因是在做一些麻烦的工作的时候可以直接把门锁上避免其他事情插进来，也没有被别人看到房间散乱的心理负担。

■ 这样想的话，这个独立房间不仅仅可以用作家务的管理中心，也可以考虑作为家庭主妇的工作间（裁缝、熨烫等）或者兴趣房来使用。

■ 不妨对设计家务房的理由重新思考一下，再对其在整体布局中的位置做个商讨。根据具体情况，也许远离主要动线的位置反而更能让人定下心来，营造出可以专心投入到想要做的事情中的环境。

■ 从使用方式上来说，也不一定是一整天都闷在里面，有时需要往来厨房间、有客人来时往来玄关、洗涤的话往来于放置洗衣机的洗漱间及晾晒场等，根据情况出入各种房间。虽然说深处的房间能够给人安定感，但是深处的位置也未必就方便。

■ 比如离玄关和厨房都比较近的位置，或者厨房的隔壁（相对起居室和餐厅又稍有距离）就不错。白天手上空下来想要休息一下的话，这样的位置也比较方便。

图1

便于家务活计的家务房的思考方式

● **信息管理的事务**
首先要探讨的是集中放置门铃、安全设备、IT相关终端事宜。
为了能够方便接收信息，最好是一定程度上开放的地方。

● **处理各项事务**
以邮递物、付款单、账单、各种卡片等管理为主。
最好有小抽屉、小棚架、壁板等，角落型比较适合。

● **书房事务**
放电脑和咖啡杯等，最好有能放得下打开的杂志的地方，有能放A4大小的文档和书本的棚架。
也可以作为处理家务用的空间共同使用。

● **兴趣事宜**
根据各自想要做的事情来设立相应的空间。
一般专用房间型比较合适。
这里可以进行信息管理的事务，也可以和事务处理的事宜、书房事宜共用同一个空间。

图2

家务房利用案例

● Y邸/小井田康和
家务角位于起居室一角的形式,便于家庭成员共享信息,谁都可以参与进来便于事务处理事宜。

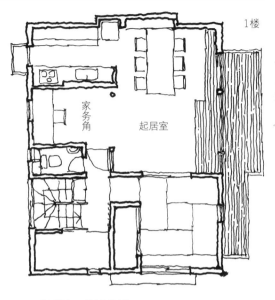

1楼

家务角　起居室

● 佐川邸　2楼/宫胁檀
位于厨房深处的独立榻榻米家务房,做到一半的事情可以放着不管,也可以用作休息场所。适合以家务为中心的人作为兴趣房使用。

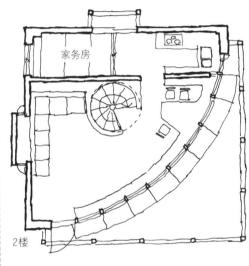

家务房

2楼

● 菅野邸　1楼/宫胁檀
朝向起居室高半阶台阶的空间里,设有厨房、餐厅、家务角。在家务角可以看到住宅整体情况。

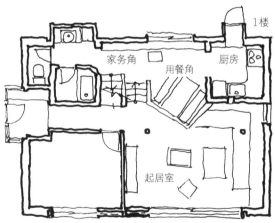

1楼

家务角　用餐角　厨房

起居室

● 池田邸　2楼/宫胁檀
位于厨房一角的家务角。可以方便进出隔壁的餐厅。虽然以事务处理为主,但是位于厨房的中间也可以方便管理菜单及储藏等。

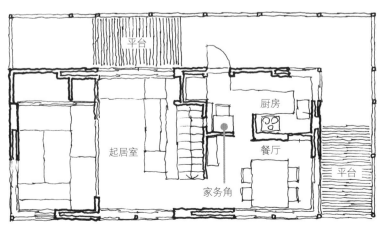

平台

厨房

起居室　餐厅

平台

家务角

2楼

068

书房[1]

■ 相对于家务房是家庭主妇的生活空间，书房则常作为男主人的生活空间使用。

■ 虽然书房往往给人有书架的印象，如今也往往作为看和工作无关的爱好的书的地方，以及完成带回家的工作的地方使用。

■ 书房按照其使用方法来看，通常都是作为一个独立房间来考量的。在规模较小的住宅中可能会难以实现。这种情况下讨论布局的时候依然会考虑，比如放在主卧或者起居室的一个角落里。使用书架或者隔板围住，或者挖空墙面的一部分做成壁龛状的场所，都可以营造出能够让人安心读书的环境。

■ 考虑书房的面积时，如果只是有一个即可的话那么能放下一个书桌也就够了。要作为存放藏书的书库来使用的话就要根据藏书量来相应扩大了。在这种情况下，通过设计可以把整面墙都做成书架，能营造出强烈的书房氛围。

■ 书房的设备规划中主要是注意照明器具。除了房间的整体照明，还要考虑安设局部照明（台灯等）。保证有电脑使用的空间的设计也要考虑进去。

■ 一般来说一个能够远眺让眼睛休息的窗户是非常重要的。如果要享受窗外景色的话正中午的时候会最好，然而即便没有很好的视野，能够看到树木、听到风声雨声也能够满足放松心情、转换情绪的需要。

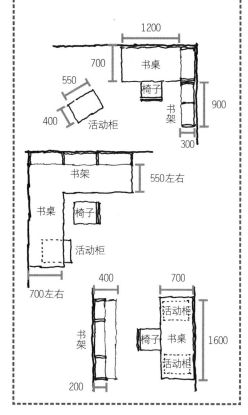

图1

作为读写空间使用的书房

只是用来读书写字或操作电脑的话，办公桌和书架就已经足够了。根据藏书量从3 m²到7 m²都可以。有窗户的话可以利于眼睛休息。照明规划基本上以手边的工作等为主，而在书架上找书时需要的整体照明也很重要。供书、电脑等展开的话需要600 mm×1200 mm的台面（可以选择700 mm×1200 mm的单面带抽屉书桌），书架可以采用300 mm×900 mm左右的。有L形的工作台的话会更方便。台面进深要控制在600 mm以下，正面放置书架的话使用起来更为方便。台面和书架采用双列布局，左侧开设窗户的话，白天也能看看室外景色放松眼睛，心情也会舒畅。

照片1

以读写为主的书房案例（桥爪邸/宫胁檀）

图2

书房形式案例

● **泽田邸 2楼/宫胁檀**

在卧室设立了一处壁龛状的空间作为书房,可以用来完成带回家的工作、读书等。

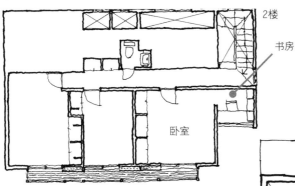

2楼

书房

卧室

● **碧榕居/川口通正**

2楼的卧室上方阁楼作为书房使用。虽然不是完全沉浸式的房间,但是一样可以安下心来读书。

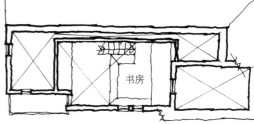

阁楼

书房

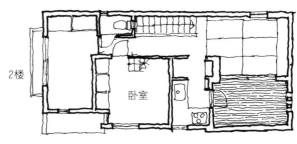

2楼

卧室

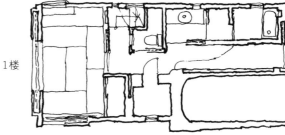

1楼

● **久世邸 2楼/堀部安嗣**

3 m² 左右的小型空间,因为空间独立,可以把精力集中到需要做的事情上。

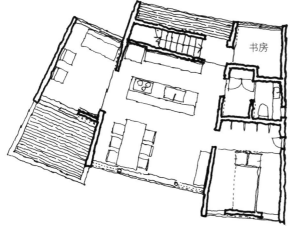

书房

2楼

■ 书房，也担负着作为男主人的隐私房、保证个人自由的房间及工作房间的功能。作为专心读书用的房间自然是应该的，偶尔也能作为兴趣房来使用。

■ 在思考这种使用方法的布局时，就很容易想到阁楼这样的场所。屋顶高度有限、房间变形、来去不便、夏天炎热等条件反而酝酿出一种隐秘空间的氛围，不失为一个摆放兴趣收藏并观赏的地方。

■ 比如家庭成员对铁道模型非常感兴趣，亲手制作了喜欢的场景安放上N轨或者HO轨跑着玩，像是阁楼这样的场所用来摆放就正好适合，也不用担心旁人影响。

■ LOFT也是阁楼的一种，但是相比阁楼来说更像是顶到屋顶高度的开放式蚕房结构。虽然相比沉浸式的房间来说具有一定的开放感，但因为位于高处也可以作为个人专用的兴趣基地来使用。只不过要做好从开放的高处坠落及坠物等的防范对策。

■ 另外，阁楼和LOFT等作为房间部分来使用的话，根据设计的内容也会作为建筑的实际建筑面积一部分来计算，按照建筑基准法也可能要加到建筑容积率的实际建筑面积中去。算入实际建筑面积的话，这部分也要作为楼层来看待。这样的话在2层楼的建筑上方再设立一个阁楼之后，按照法规来说建筑就变成了3层楼的结构了。2层楼建筑和3层楼建筑的法规要求是完全不同的，一定要引起注意。

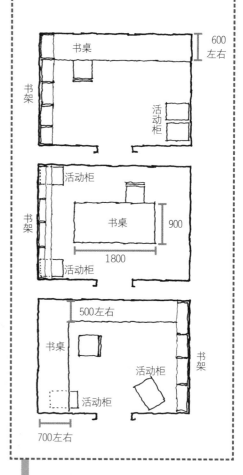

图1

作为兴趣房使用的书房

作为兴趣房使用的书房在面积、体积、样式等方面，客户都会有千差万别的期望。

只是用来玩铁道模型的话，需要有一定的面积，但是高度则可以放宽要求，所以LOFT和地下室都很适合。而音响设备和家庭影院等就对面积、屋顶高度、内装、房间形状等细节部分有要求了。照明、插座的数量、容量、位置等都需要细致考量。

根据在这个空间里需要做的事情不同，也会有不同的设计形式。

大型的作业平台基本上都需要，可以沿着墙面两端架设台板。收纳则购买成品的柜子就够了。根据要做的事情不同，需要用到作业平台以外空间的话，可以在房间中间放置一个1.5 ㎡左右的桌子来使用。这种情况下L型的作业平台也很方便使用。各边进深还可以稍作改变。有可移动的小柜子会更加易于使用。

书桌
书架
活动柜
600左右

活动柜
书桌
书架
900
1800

500左右
书桌
书架
活动柜
活动柜
700左右

图2

作为兴趣房使用的书房案例

- **松浦邸　2楼/宫胁檀**
作为男主人的兴趣房来规划。为了放置1.5 ㎡左右的铁道模型场景预留了10 ㎡的空间。

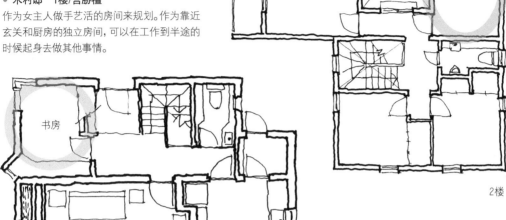

- **木村邸　1楼/宫胁檀**
作为女主人做手艺活的房间来规划。作为靠近玄关和厨房的独立房间，可以在工作到半途的时候起身去做其他事情。

2楼

1楼

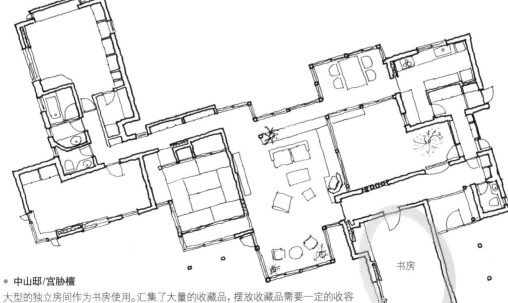

- **中山邸/宫胁檀**
大型的独立房间作为书房使用。汇集了大量的收藏品，摆放收藏品需要一定的收容空间，而为了满足作为音响房使用的功能要求选择了现在这个程度(26 ㎡)的面积。

■ 平面布局中的用水空间包括厨房、浴室、洗漱间等。不论哪种都是全家人一起使用的，因而归入公共区域中。然而和卫浴相关的空间又对私密性的要求非常高，因而接近于个人区域。在考虑布局的时候也一定要把这点考虑进去。

■ 其中浴室对于私密性的要求程度尤其高，甚至是最好设立在个人区域、紧挨着卧室设计的程度。然而按照1楼为公共区域，2楼为个人区域的分区方式考量的话，浴室往往会设立在1楼靠北侧的位置。

■ 用水设施一定要尽可能地放在同一个地方，浴室安设在2楼的话防水处理会很麻烦（特别是木结构建筑中没法使用单元浴室）。即便在这样的情况下，2楼的个人空间部分和浴室的布局也要按照动线尽可能短的要求来设计，并且还不能和其他动线（特别是连接到公共区域）交错。

■ 浴室也不仅仅是用来清洁身体的，同时也兼具消除疲劳、放松身体让心情焕然一新的目的。而入浴时间也不只限于晚上。对应这样的条件就很有必要重新考量一下浴室是不是位于北侧最佳了。作为放松的空间的话，阳光能够照射到的明亮宽敞的浴室对于老年人及需要看护的人群来说更为舒适安心。

图1

浴室规划的思考方式

● **进入后浴缸就在左边或者右边的情况**
从更衣室进入后浴缸就在左边或者右边的形式，冲澡的地方可以设计成打通的样式，这样就可以方便进出到对面的平台、阳光房或其他房间，在考虑布局的时候要多一些选择。

阳台、平台、晒台、阳光房、室外空间等

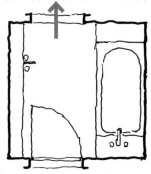

● **进入后正面是浴缸的情况**
从更衣室进入后正面是浴缸的话，就可以充分利用浴室的宽度，浴缸看起来也会更大，泡澡和冲洗也会更为方便。

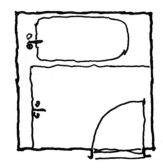

● **浴缸呈围裙形和墙面隔开**
浴缸呈二方围裙或者三方围裙形状和墙面隔开的话，更适合于老年人等需要看护的人群入浴用。浴缸侧面的空间可以摆放搬运台，对于能够自己入浴的老年人来说也是非常好的形式。

二方围裙

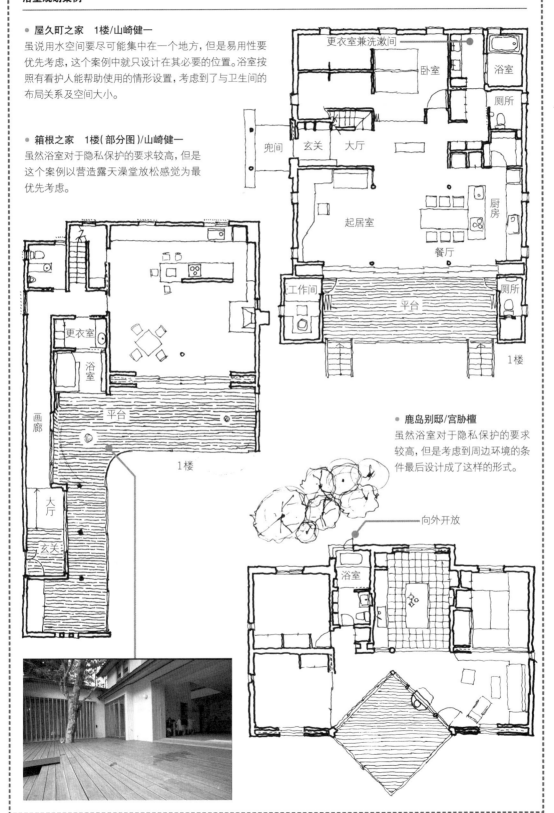

图2

浴室规划案例

● 屋久町之家　1楼/山崎健一

虽说用水空间要尽可能集中在一个地方,但是易用性要优先考虑,这个案例中就只设计在其必要的位置。浴室按照有看护人能帮助使用的情形设置,考虑到了与卫生间的布局关系及空间大小。

● 箱根之家　1楼(部分图)/山崎健一

虽然浴室对于隐私保护的要求较高,但是这个案例以营造露天澡堂放松感觉为最优先考虑。

● 鹿岛别邸/宫胁檀

虽然浴室对于隐私保护的要求较高,但是考虑到周边环境的条件最后设计成了这样的形式。

向外开放

更衣室兼洗漱间

卧室

浴室

厕所

兜间

玄关

大厅

起居室

厨房

餐厅

工作间

平台

厕所

1楼

更衣室

浴室

画廊

平台

大厅

玄关

1楼

浴室

第5章　设计的各部分细节

071

厕所

■ 用水设施(特别是浴室、厕所等卫浴系)空间要尽量设在一个地方的原因是可以合理化排布供水、热水、排水的管道,以及通风管道等,同时也更易于维护。

■ 而合并到一起的终极形态就是在宾馆房间中常能看到的浴缸、洗面台、坐便器位于同一个空间的三合一成套型,但是这种形式在住宅中非常不受欢迎。家庭成员使用这样的卫浴厕所非常不方便,在进行住宅布局设计的时候一定要记得设计独立的厕所。

■ 最近的住宅布局思考方式中,有优先考虑厕所的易用性和舒适度从而在所有用得到的地方都安设厕所的倾向。厕所同时兼具公共区域和个人区域的特性,但又因为需要保护隐私而更偏向于个人区域的特性。

■ 可以将客人也可以使用的兼具化妆间功能的厕所放在公共区域,而家庭成员专用的厕所则放在个人区域分开使用,这样也更为方便。

■ 兼具化妆间功能的公共区域的厕所根据其使用方式来考虑,可以放在靠近玄关的地方,面积则可以考虑加上补妆需要的空间程度即可。内装要尽量明亮,如果墙面不便安装窗户的话,也可以采用天窗的方式,在采光上多下一些功夫。

■ 家庭成员专用的厕所如有可能最好有两处,一处作为主卧专用,易用性会大大提升。根据家庭成员的结构,安装男性用的小便器可以更加提升易用性及可维护性。不过在同一处并排摆设小便器和坐便器的话,易用性并不会有明显提升。为了能够舒适地使用,还是需要认真考虑一下布局的。

图1

厕所规划的思考方式

● **有小便器的厕所**
在厕所里安装男性专用的小便器的话,需要确保有足够的宽度和深度。

● **用水设计尽量集中**
楼层上下重叠的话,用水设施的房间最好位于平面布局的同一个位置,这样供排水管的纵排管可以共用一处,有利于降低成本提高可维护性。

● **安设坐便器**
需要安装坐便器的话,内部空间最小限度要保证有800 mm×1500 mm。这个面积里尚且没有安装洗手池的余裕。

● **水台的设置**
内部空间有1100 mm×1700 mm的话就可以安装水台,使得洗手池边上更有余裕,收纳性能也更好。

● **便于轮椅使用的考量、安装小型小便器**
为了方便轮椅和看护人的活动,内部空间需要有1700 mm×1700 mm左右的空间。有这样的空间的话也可以一并安装小型的男用小便器。

● **并排安装男用小便器**
需要安装普通尺寸的男用小便器需要有1900 mm×1700 mm左右的空间。

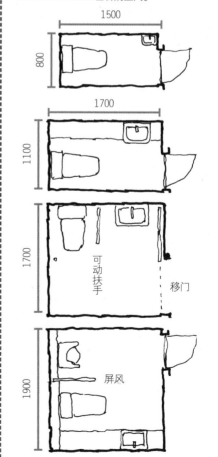

图2

厕所规划的案例

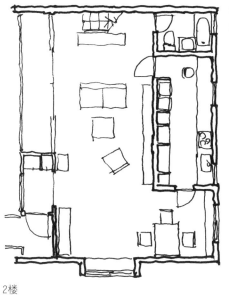

● 今村邸　2楼(部分图)/宫胁檀

以单元浴室的形式安装坐便器的案例。

● 久保邸　1楼/宫胁檀

1楼的厕所洗面台左边是小便器,右边是坐便器(2楼也有小型坐便器)。

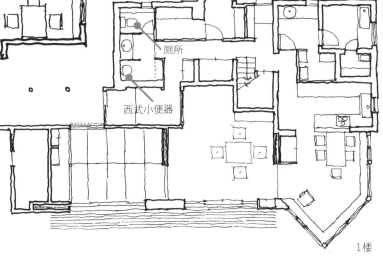

2楼

厕所

西式小便器

1楼

● 松浦邸/宫胁檀

1楼的厕所并排设有洗手用的小型洗面台。
2楼的厕所以壁龛的方式安装有小便器。并排装有洗手用的小型洗面台。

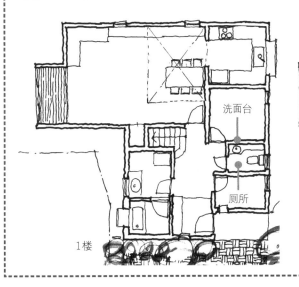

洗面台

厕所

1楼

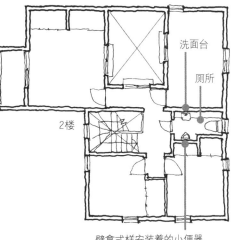

洗面台

厕所

2楼

壁龛式样安装着的小便器

072

洗漱间、化妆间、更衣室

■ 化妆间是用来化妆及修整仪容的地方，洗漱间是用来洗手洗脸及刷牙的地方，更衣室（脱衣室）是泡澡前脱衣物用的地方，各不相同。

■ 建筑中常有一个地方兼具多种功能的情况。称之为用水空间就在于这里安装有洗脸盆，并装有水龙头。

■ 另外，可以化妆的地方在住宅中一共有三处。一是卧室，一是厕所，一是洗漱间或者更衣室。需要设有洗面盆、水龙头、莲蓬头，以及脱下衣物的收纳场所。为了化妆方便需要镜子、照明、台面、化妆品收纳和椅子等。

■ 其他的还有洗衣机、毛巾、打扫工具、纸巾

等生活用品，种类相当繁多，放置这些东西需要一定的收纳空间。

■ 从整体布局的房间大小平衡来看，洗漱间、更衣室并不会很大，要放下这些东西就不太容易了。墙面上因为有化妆镜（越大越好用，越舒适）而没法有效利用，而且通风换气等还需要开窗部位，兼具采光和视野用途。墙面的使用方面一定要很慎重才行。

■ 将多种功能集中到一个空间可以有效节约面积，可以在小规模的住宅设计中积极采用。然而狭小的地方难以堆放大量物品，不模拟着现实状况来设计规划的话很容易出现问题，这点要非常注意。

图1

楼上、楼下用水空间位置重叠的案例

● 三鹰之家/山崎健一
楼上和楼下的用水空间在同一个位置的话，排管等会更为合理。
这个案例中3层楼的用水空间基本上都位于同一个位置。

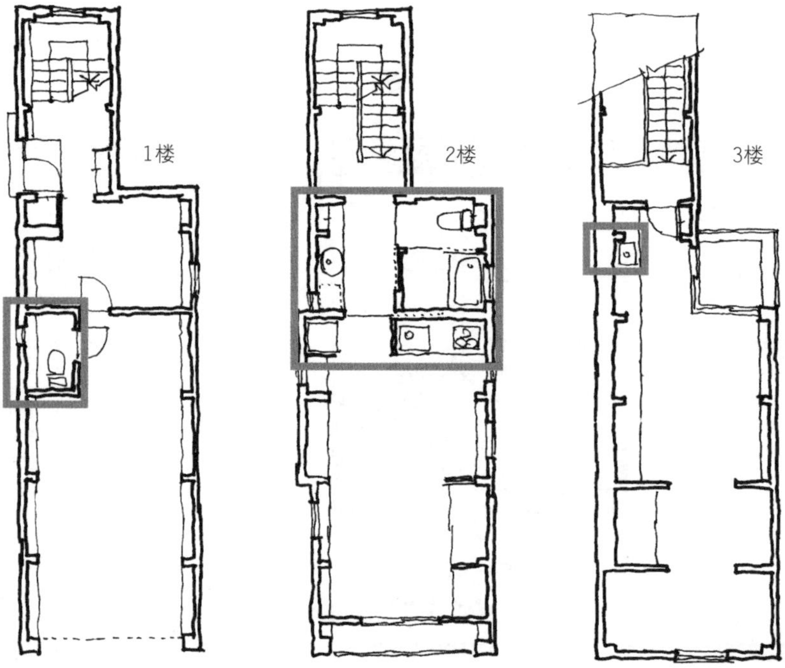

1楼　　　　2楼　　　　3楼

图2

洗漱间、化妆间、更衣室的布局案例

和浴室一样,洗漱间、化妆间、更衣室也是私密度非常高的空间。能有两处的话,一处可以作为家庭成员专用,而另一处则可以供来客使用,万一遇上需要的时候就不会尴尬了。

● **佐藤邸/宫胁檀**

玄关大厅北侧的厕所、洗漱间、浴室是可供来客使用的用水空间。这里的洗漱间主要作为化妆间使用。

2楼的洗漱间和浴室则确保了私密的卫浴空间。

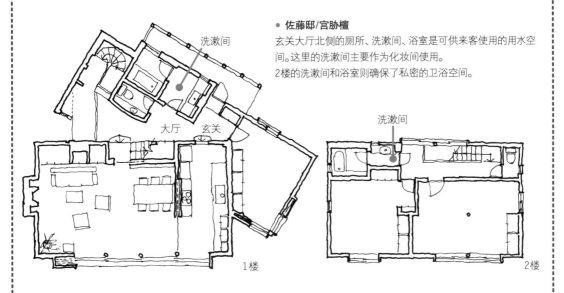

● **藤冈邸/宫胁檀**

1楼深处的洗漱间兼厕所、浴室是供来客使用的用水空间。

隔壁的和室正好是供来客留宿的房间,这样的布局就最为合适。

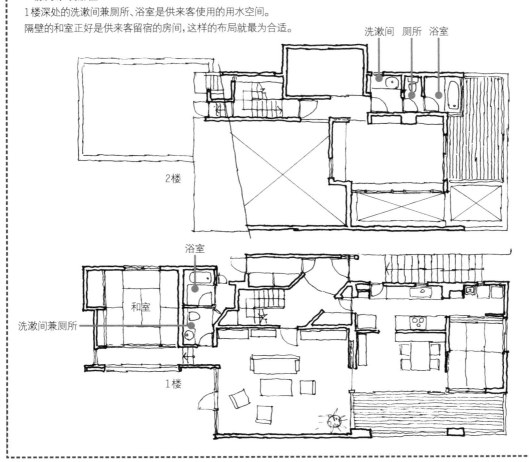

■ 洗涤也是住宅的用水设施中不可忘记的一环，主要就集中在洗衣机应该放在哪里的考量上。

■ 洗涤在家务中也是比重相当高的一项，根据家庭状况，大部分情况下是每天，有时甚至一天要用2~3次洗衣机。而洗衣机放置的场所也会对家务效率产生好或坏的影响。洗衣机的安放处要根据洗涤物出来的地方、收纳的地方、晾晒场的动线如何，以及洗涤的状况来综合考量再做决定。

■ 如果洗衣机就放在更衣处同一个位置的话，脱下来的衣服就可以直接丢到洗衣机的滚筒里。否则就需要先把换下来的衣服存放一下再搬运到洗衣机里去。

■ 现代的全自动洗衣机设定好洗涤模式之后，洗衣机就会自动工作，洗完之后通过蜂鸣器来提示。在洗衣机工作的时候没有必要看着，这时候可以在厨房、厕所或者其他房间做家务。

■ 在使用洗衣机的时候如果大致确定了要一起做的家务的话，那么洗衣机基本上就安放在那附近。比较常见的有把洗衣机放在靠近厨房的地方，一边做饭一边洗衣服的形式。可以增加厨房的长度，把洗衣机安装在工作台的下方（像洗碗机一样）。这是一种把洗衣服和做饭两种家务活并在一起做的思路。

■ 选择嵌入式的洗衣机时，要注意洗衣机在脱水的时候会产生震动和摇晃。一定要仔细考虑好应对的措施。

图1

洗衣机安放处的思考方式

一边洗衣服一边做其他家务的情况非常常见，因此洗衣机最好放在使用者视线范围内。放在更换内衣的地方会更为方便，因而也多见于安放在洗漱间和更衣室内。

● **放在洗漱间、更衣室、浴室边**
放在换衣服等容易产生洗涤物的地方，使用起来较为方便。

● **放在多功能空间**
和洗涤水槽并排摆放可以方便顽固污渍清洗和清洗运动鞋等。

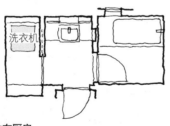

● **放在厨房**
作为工作台一部分的全自动嵌入式洗衣机，适合于做饭和收拾时一并洗衣服的想法。

● **放在家务角**
出于在写信或者整理菜单的间隙可以使用洗衣机的想法。也可以安装熨烫板，便于洗涤后的处理。

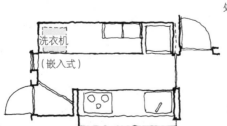

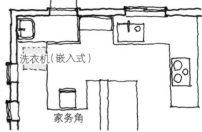

图2

洗衣机安放场所优秀案例

● 林邸　2楼/宫胁檀
在2楼兼具洗漱间和更衣室的多功能台面下方安装了嵌入式的全自动洗涤干燥机。
晾晒场位于南侧,穿过浴室和阳光房的平台处。

● 衫山邸/田中敏溥
这个案例中洗衣机安装在洗面台的边上。
这种情况下洗衣机的滚筒也可以作为脱水机来使用。

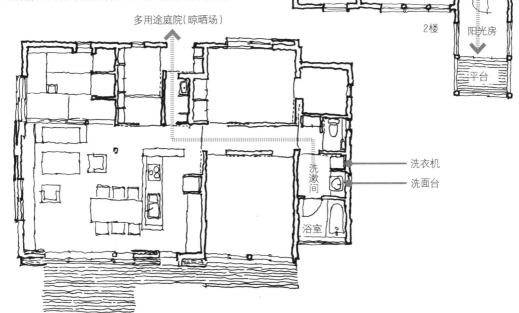

多用途庭院(晾晒场)

多功能房
洗衣机
浴室
2楼
阳光房
平台

洗衣机
洗面台
洗漱间
浴室

● 植村邸　1楼/宫胁檀
洗衣机安放在方便门位置。
其正上方(2楼图纸略)的浴室流下来的热水可以用于洗涤。
旁边还有通往2楼的投递管道,这样就不用把衣物从2楼拿下来了。

投递管道　　洗衣机　方便门

1楼

多用途庭院(晾晒场)

多功能房究竟有何用

■ 住宅中有时会有一个叫Utility的房间。Utility本身有有用、实用的意思,作为房间名又有"家务房""多功能房"的含义。实际上多作为和水有关的家务事宜及摆放这类机器和设备(洗衣机和热水器等)的场所来使用。在房间布局中的位置通常是接在厨房的边上。如果有方便门的话,那就是在厨房和方便门之间的位置。又或者说位于洗漱间、更衣室和厨房之间发挥着连接的功能,需要洗涤的时候会非常实用。

■ 多功能房的空间能稍微大一些的话,下雨天就可以作为室内晾晒处使用,也可以很方便地作为熨烫洗好的衣物的地方。

■ 家务房有时候也有着管理中心的用途。如果要把管理居住生活的工作放到多功能房来完成的话,那仅在房间角落安放简单的桌椅是完全不够的,最好要能有大型的工作台和宽阔的台面。管理工作可能会需要很多文书一起展开摆放,能用的面积越大效率也会越高。大型的工作台也可以用于折叠衣物,熨烫衣物等。

■ 多功能空间邻接厨房的话,很可能位于整体布局的北侧。为了能让管理工作进行得更为舒适,就要尽量避免阴暗寒冷的环境,在采光和通风等门窗部位开设上多下功夫。在内装材料的选择上也要认真挑选色调和纹理。

图1

多功能空间的思考方式

多功能空间虽然可以用于做各种家务活,但是主要用来摆放用水的机器。

● **洗涤中心型**
以洗衣机、干燥机、热水器、洗涤水槽等的布置,以及洗涤用具、洗涤液等的收纳为中心,聚焦在洗涤上的空间形式。

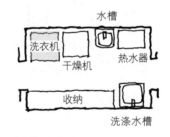

● **储存中心型**
以纸板箱和塑料捆扎带等打包材料,螺丝刀、鱼叉、钉子等维护用具,材料和资源垃圾等的放置为中心的空间。

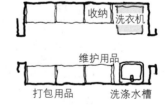

● **家务房型**
以家务管理为中心,摆放有洗衣机、热水器、熨烫台、书架等的形式。全自动的洗衣机更为方便。

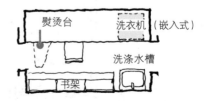

图2

多功能空间的优秀案例

● **千代木邸/宫胁檀**

多功能空间和厨房呈一体化设计。家
务活可以高效地和厨房作业一同进
行，多功能房直接连接到南面的三
个房间，动线较短，移动方便易于
使用。

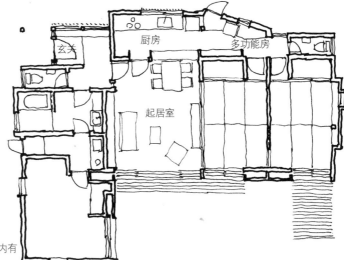

厨房

多功能房

玄关

起居室

● **嶋地邸　1楼/宫胁檀**

多功能房位于邻接厨房的毛地上。安
放有洗衣机、热水器等设备，用来放
带着泥土的蔬菜等也很方便。

多功能房(毛地)内有
热水器和洗衣机

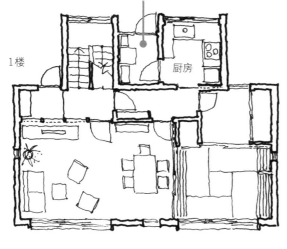

1楼

厨房

● **崔邸　2楼/宫胁檀**

有工作的家庭主妇回家后就开始忙个不
停，洗涤、烹饪、照看孩子等要同时进行。
因而这个单间兼具了多功能房、厨房和
家庭室的功能。

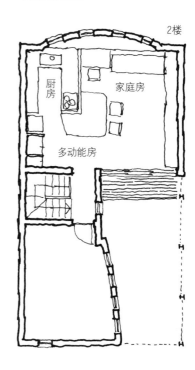

2楼

厨房

家庭房

多动能房

多功能房

厨房

2楼

● **金井邸　2楼/宫胁檀**

宽敞的独立多功能房间具备了厨房、管理家务和很多
其他功能。在这个空间里很多事情可以同时进行。

房间（主卧）

■ 按照分区来考虑布局的时候，作为在个人区域中最重要的部分，主卧是一定要多加留意的。

■ 主卧的主要功能是供夫妇能够安心就寝，除此之外还是更衣、化妆，以及小憩用的地方。根据情况可能还要兼具书房的功能，有时候还有浴室（淋浴）的功能。

■ 为了能取得安静的环境，主卧最好位于整体布局中远离主要动线的深处。不过这时也要注意建筑外部是否有噪声源并且确认好周边的环境。房间的隔墙需要使用隔音性较好的材料，除此以外还可以通过在房间和房间之间设计一个库房的方式来得到更好的效果。如果布局条件不允许的话，沿着隔墙设计一面壁橱效果也很好。

■ 决定主卧需要多少面积的最大要素是就寝的方式。也就是习惯睡床还是习惯睡地铺，根据习惯需要的最小面积也会不同。比如说习惯睡床的话，使用的床的尺寸、是否是双人床都会带来影响。单个双人床最少也需要约13㎡的空间。而打地铺的话，两个人并排只需要10㎡左右就够了。

■ 采用西式的布局的话，家具占用的面积之外还需要留出人活动用的空间，早上起来就会比较轻松一点。采用和式风格的话，虽然有需要叠被子的麻烦，但是房间的使用可以更多样性，也是一个优势。选择哪一种原则上是由客户来决定的。

图1

私密度较高的主卧的基本形式

为了保证主卧的较高独立性，最好位于动线的最深处，用库房、壁橱等和隔壁房间隔开。

● **空间隔离型**

通过夹着天井的方式从空间上和其他部分隔离，确保主卧的独立性和高私密性。

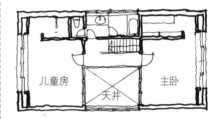

● **缓冲带型**

在主卧和相邻的其他房间之间，通过步入式衣柜和橱柜等具有用途的房间来隔开形成缓冲带，从而确保主卧的私密性。

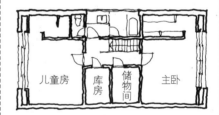

● **最深处型**

主卧布置在主要动线的最深处，确保独立性和高私密性。

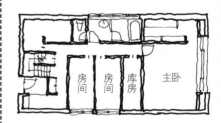

主卧私密性较高的案例

- 河崎邸　2楼/宫胁檀

  主卧和其他房间相距较远。

- 林邸　2楼/宫胁檀

  主卧和其他两间房间并在南侧，用壁橱来和邻接的房间隔开。

2楼

天井

主卧

2楼

壁橱　主卧

2楼

- 中山邸/宫胁檀

  主卧位于动线最深处，并且和隔壁的房间之间有库房及卫浴空间隔开，具有良好的距离感。

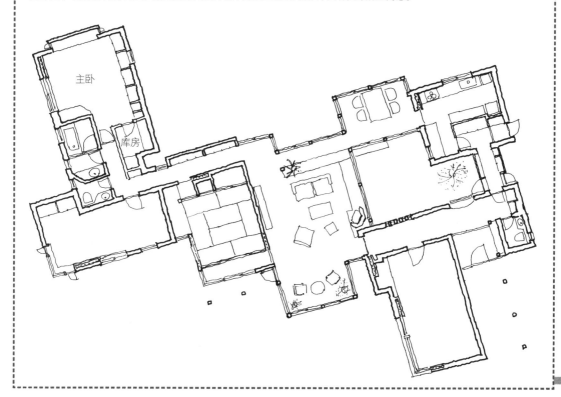

主卧

库房

图2

房间（儿童房）

在个人区域的房间中，和主卧同样重要房间就是儿童房。儿童房的存在方式随着儿童的成长而变化。完全不需要单独房间的婴儿期，可以兄弟姐妹共用一室的幼儿期，随着成长对独立性的需求情况多样，设计时要根据儿童年龄来具体探讨。

此外，儿童房的存在方式也受到作为监护人的父母及家庭关系的很大影响。家人会有想要给孩子提供较好的环境的想法，以及"孩子总会要独立起来离开这个家的，舒适的环境最后就浪费了。因此儿童房只要保证最低限度舒适就够了"的想法等各执一词。现在晚婚率和不生育率都有上升的倾向。随之而来的孩子和祖父母同住的案例也在增多。这种情况下，一个住宅中不同时间轴的生活圈就会同时进展，儿童

房就会因为这些问题有各种不同的状况。在设计的时候一定要慎重理解现有条件，做好和客户的沟通再往前推进。

一般来说，儿童房的氛围过好的话，孩子就会宅在房间中不出来，本来用作于家族团聚一起放松休闲的客厅就会变得冷清起来。解决方法就是要把客厅营造成整个住宅中最舒适的空间吧。

另外，随着孩子的成长，孩子的所有物和道具等都会不断增多。在探讨的时候也要注意确保有足够的收纳空间用来摆放这些物品。设计一个孩子们共用的空间，把书籍和道具等可以共用的东西全部放到一处也是一种思路。

图1

儿童房的思考方式

● 最小单元型
书桌、床、壁橱所需要的最小空间形式的儿童房。也有用双层床来隔开邻接的儿童房的形式。这种布局基于考虑儿童房并不是孩子最后的栖息地因而不用做得太好的思考方式。

● 共用房间型
兄弟、姐妹同性别的时候，可以采用大房间共用的形式。如果能考虑到随着孩子成长需要添置的家具的话使用起来会更方便。

● 一般独立房间型
随着孩子的成长，房间也会逐渐和大人房间没有区别。要保证充足的收纳空间，需要有10 m²左右。

图2

儿童房布局案例

- **三宅邸　1楼/宫胁檀**

儿童房规划的时候孩子还没上小学,因为考虑先作为玩乐的房间使用一段时间。

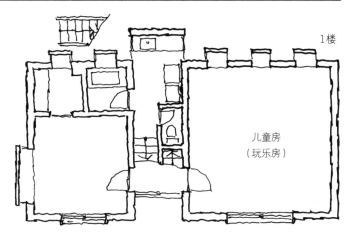

1楼

儿童房
(玩乐房)

- **加藤邸　2楼/宫胁檀**

客户提出了把儿童房改成独立房间的要求,因而采用了家具来隔开,并准备了两个出入口。

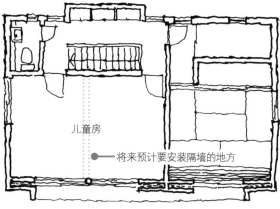

2楼

儿童房

将来预计要安装隔墙的地方

- **岛田邸　2楼/宫胁檀**

虽然计划采用家具来把儿童房隔开使用,但是家具订作花费了一些时间,因而就先作为整个房间来使用。

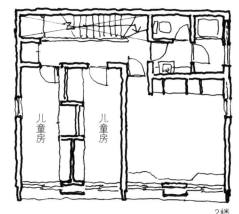

儿童房　儿童房

2楼

- **久世邸　2楼/堀部安嗣**

儿童房只确保了最低限度的空间,但是准备了一个共用的图书馆来补足。

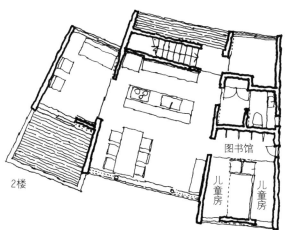

2楼

图书馆

儿童房　儿童房

准备室（待客用的和室）

■ 根据建筑用地条件和建筑基准法等法律法规限制范围下讨论平面布局时，类似于玄关在这里、那里是起居室、餐厅放在这个位置、和室在西面端点处等，这种确定大概位置的方式叫作标记位置。大部分房间名虽然表示了这个房间的使用方式，然而和室可能没那么容易就确定下用途。不确定用作什么用途意味着是为了某些情况留下的多余的房间，也就是所谓准备室的意思。

■ 和室即日本传统的建筑特有的榻榻米房间，根据铺设榻榻米的数量，又多称为6叠间或8叠间。铺设榻榻米的房间根据用途需要拿出炕桌（或被炉）、坐垫或者被子等，但是平时都是保持什么都没有的状态，使用方法的多样性也是其一大特征。

■ 和室的使用方法之一是作为迎接来客的接待场所。虽然日本正式接待房间要称为"座敷"，但是突然有需要接待客人的时候，有这样一个座敷风格的房间也能起到很大作用。如果通过壁龛和花棚架来凸显书院风格的话，就会更像座敷了。

■ 在和室中因为可以直接坐在榻榻米上的缘故，房间里的人的视线高度大概为地面以上90 cm左右。榻榻米房间如果直接与西式房间（坐在椅子上的形式）相连的话，因为视线会比坐在椅子上的人低（120 cm左右），而容易使人感到不安。因此如果要并排布置的话，如何消除这30 cm的高度差是需要仔细探讨的。比如说，和室和西式房间地面高度差有30 cm的话问题就迎刃而解了。

图1

榻榻米摆放的基本原则

● 地面和出入口要在榻榻米的长边一侧，这样就和榻榻米的纹理呈正交状态了。人的移动顺着纹理而较舒适。
● 4.5叠的半块的部分不能放在房间的中央，否则就是日本剖腹用的房间布局了，会带来厄运。
● 榻榻米的边角以T字形排布。十字形排布会令人不愉快，较大的房间里这样的摆放方式是基本原则。

4.5叠

入口设在半块的位置

壁龛

壁橱

6叠

出入口

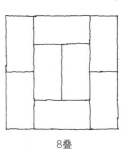

8叠

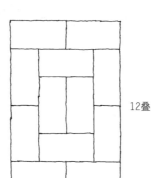

12叠

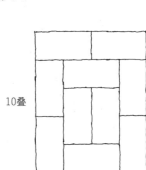

10叠

图2

作为准备室用的和室案例

作为通融性较好的多功能房间（有时会客用，有时作为准备室），紧挨着起居室的榻榻米房间（和室），平时可以作为起居室的一部分使用，偶尔也可以拿出炕桌来吃火锅，或者给客人留宿用。

● 小松邸　2楼/宫胁檀

起居室、用餐角呈单间形式，其中有个和室（准备室）。

和室虽然一般通过移门来隔开，但是作为一整个房间这个和室门楣稍高，没有垂墙分隔开。

● 花房邸　2楼/宫胁檀

分隔开起居室和和室的移门平时收入墙中，使得两个房间可以形成一体。

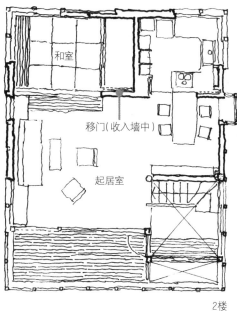

移门（收入墙中）

餐厅

2楼

和室

起居室

没有垂墙（移门、门楣）

● 幡谷邸/宫胁檀

和室1、和室2的移门全部可以收入墙中，平时可以和起居室作为一个整体空间使用。和室2作为准备室使用。

移门（收入墙中）

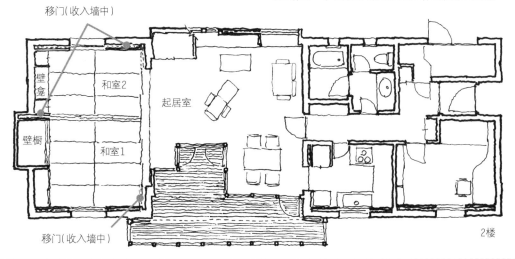

壁龛

和室2

起居室

壁橱

和室1

移门（收入墙中）

2楼

■ 铺设榻榻米的和室的最大特征是使用方式上的通融性。将和室作为起居室延续的一部分，平时作为起居室的空间使用，有客人来留宿的时候也可以睡在这里，这些都是和室通融性的体现。

■ 在探讨的时候如果想要达成这样的使用效果，那么围绕着和室的门平时就要都收纳起来，形成和起居室一体的开放空间。而有人在其中休息的时候又可以关上门形成一个有效保护私密性的空间，还要有能够收纳寝具的壁橱的位置。

■ 这样处理的和室在将来和父母同住的时候也可以作为老人房间使用。又或者说孩子成长之后儿童房显得狭窄了，把主卧让给孩子后，这里就可以代替主卧的功能使用。

■ 有这样的可能性的话，就和只是给客人临时休息用的地方状况不同了，在考量其在整个布局中的位置时，是不是还要单纯地接在起居室边上就需要更加细致的探讨了。

■ 有时客户也会要求两间连在一起的和室。日常和亲戚往来频繁，有各种红事白事或者节日的时候就会有大量的来客。这时候收起屏风就可以连接两个房间形成一个更大的房间来使用了。

■ 榻榻米房间较为灵活，人数的增减都可以通融应对。在思考这样的房间布局的时候，就需要同时考虑饮食的问题、和厨房（或者专门的热水屋）之间的关系、和厕所或化妆间之间的位置关系等。

图1

多功能房的思考方式

● 富有通融性
有着可以用作于各种情景使用的通融性，适用于需要直接利用壁龛或作为作业平台使用的榻榻米房间方案。

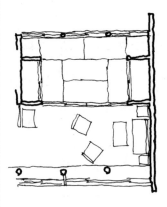

● 大小为6~8叠
虽然说越大越好，但是考虑到和其他房间的平衡，以及空房间时候的考量，6~8叠（10~15 m²）更为恰当。

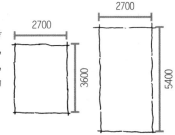

● 隔墙采用可动形式
可以用作于隔壁房间的延伸空间使用。在这种情况下可以采用能够完全收纳的移门方式，移门完全收纳后隔墙就消失了，使用起来非常方便。

全收入式移门

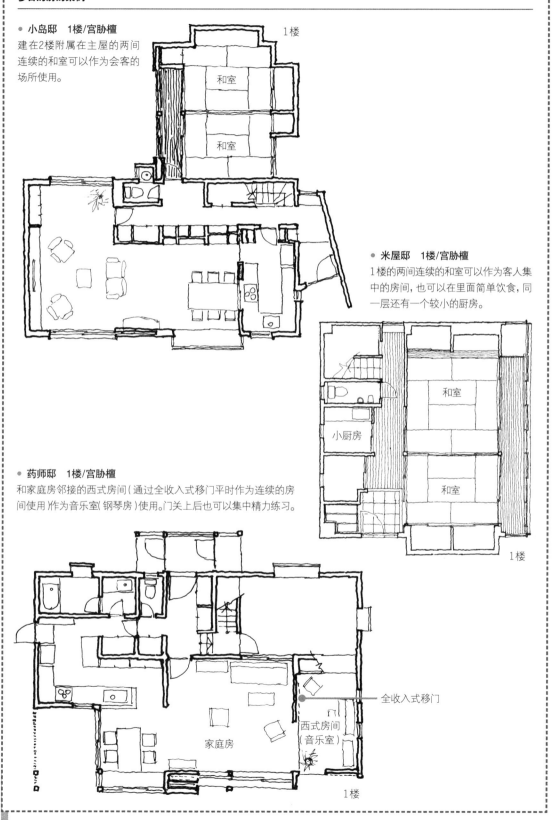

多目的房的案例

● 小岛邸　1楼/宫胁檀
建在2楼附属在主屋的两间连续的和室可以作为会客的场所使用。

1楼

● 米屋邸　1楼/宫胁檀
1楼的两间连续的和室可以作为客人集中的房间，也可以在里面简单饮食，同一层还有一个较小的厨房。

和室

小厨房

和室

1楼

● 药师邸　1楼/宫胁檀
和家庭房邻接的西式房间（通过全收入式移门平时作为连续的房间使用）作为音乐室（钢琴房）使用。门关上后也可以集中精力练习。

全收入式移门

家庭房

西式房间（音乐室）

1楼

图2

第5章 设计的各部分细节

准备室（茶室）

■ 对于日本传统的红事白事及兴趣活动来说，有一个榻榻米房间会比较方便。根据笔者的经验，经常会有正月的时候想要坐在榻榻米上吃节日料理，儿童节打扮人偶的时候也想坐在榻榻米上面，要折和服就一定要有榻榻米之类的客户要求。

■ 茶道、插花、聚会之类的活动中，榻榻米房间更有魅力（虽然也有站着的形式）。可能是因为榻榻米房间的地面可以作为舞台来使用的缘故。和西式的椅子、桌子的房间相比，榻榻米房间可以给人安定感。

■ 作为茶室设立和室的话，根据使用的人的想法不用，建造方式也多种多样，一定要和客户认真商讨，确认好客户的需求。有时候客户的想法对于布局中的位置确定会产生很大的影响。

■ 按照传统方法来严格地建造和室的话，房间的大小和榻榻米的大小，房间中使用的材料种类和组合方式，尺寸的确定方式，附属在房间周围的走廊和外缘（如果是茶室还需要水房）等，很多细节的部分都需要专业指导。对于日本传统建筑需要有相当高的理解力才行，绝对不能粗心大意。

■ 然而"拘泥于样式就显得无趣了"，日本茶道的祖师利休曾这么教导我们，而各位前辈也自由地挑战过各种现代风格的茶室的营造，留下不少案例。

■ 通过给客人上茶的行为，心里想着要如何让客人能够享受其中，我觉得可以把这样的心情用到设计中。在房间的营造方式、建造方法、需要准备的道具类等融入自己的想法，以此来作为设计茶室的基本方针，你觉得如何呢？

图1

茶室的思考方式

● 看参考案例

茶室根据流派和茶人有着多种形式。先要学习参考样例，从中去用心思建造。

● 四叠半是基础

比四叠半更大的称之为广间，更小的称为小间。广间可以兼具座敷和客间的功能，也可以作为茶道的礼仪场来使用。

本胜手四叠半切

● 小间式样繁多

小间一般作为草庵风茶室建造出来，样式繁多，也有许多细节规定，要严格建造的话颇有难度。

图2

茶室的布局和作用案例

● 调布之家　1楼/山崎健一
位于玄关南侧的准备室作为会客的接待室使用,也可以作为站席的茶室来使用。

玄关

准备室(西式房间)

1楼

● 林邸　1楼/宫胁檀
八叠的广间型茶室。根据房间的宽度设有壁龛,因为有足够的宽度可以挂两幅画轴。

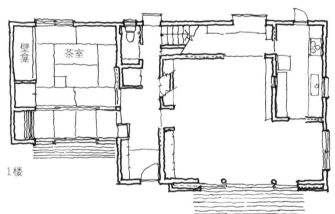

壁龛　茶室

1楼

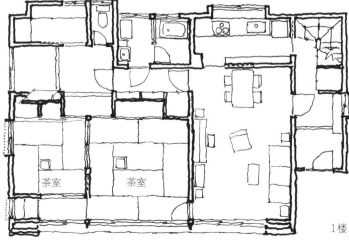

茶室　茶室

● 泽田邸　1楼/宫胁檀
作为个人空间使用的四叠半的茶室,以及作为礼仪场使用的广间型茶室。放炉的位置根据实际使用的人来决定。

1楼

第5章　设计的各部分细节

收纳的基本原则

收纳常常作为考量住宅时永恒的话题。因为收纳和生活的关系密不可分。根据笔者的经验，收纳是个无论怎么解决都不会有完美的满足感的课题。人总会有周围变干净后又继续安心地买新东西堆放上去的习惯。

因此收纳空间要尽可能多，在规划的时候要确保收纳面积占总建筑面积的10%左右。

收纳规划的基本原则就是要把物品收纳在实际使用的场所中，在家中要遍布收纳的场所。其中的一个形式是以独立房间为单位设计收纳空间，每个人把自己使用的东西收纳到自己的生活场所里。

而营造这样的空间可以采用在独立房间中设立步入式衣柜的方法，设计成书架或者衣柜的置物家具样式。置物家具的特征就是可以根据需要来灵活移动，可以随意变更房间的模样。不过受到房间形状、屋顶高度、梁的位置等的影响，放置场所也会受到限制，要注意可能会有浪费的空间（死角）产生。

使用订制的家具可以完美匹配空间避免浪费，但是就没法保证房间式样更替的灵活性了。在考虑布局的时候这方面也是需要考量的。

虽然是基于独立房间来规划收纳空间，但是起居室和餐厅这样的地方，可以用来收纳家庭成员共用的书、DVD、文具、常备药物和餐具等。这里也可以选择订制的家具或者现成商品，选择的时候需要仔细比较。

图1

收纳的思考方式

● **抽屉不是万能的**

以3尺模组为基准的话，抽屉就差不多有182 cm×91 cm（1叠），这个大小最适合收纳杯子等，作为普通的收纳来看则进深太深，使用起来非常困难。

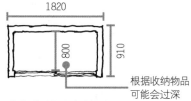

根据收纳物品可能会过深

● **根据收纳物品来确定进深**

衣物在60 cm左右、餐具在40 cm左右，书本在30 cm左右，一定要根据需要收纳的物品来确定进深。

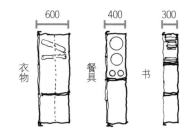

衣物　餐具　书

● **物品原地收纳**

物品使用后就尽量要放回原处，全部做到会有难度，可以从使用频率较高的物品开始探讨。

● **营造具有通融性的空间**

按照特定物品来确定大小后，其他物品可能会放不进去。

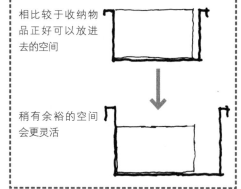

相比较于收纳物品正好可以放进去的空间

稍有余裕的空间会更灵活

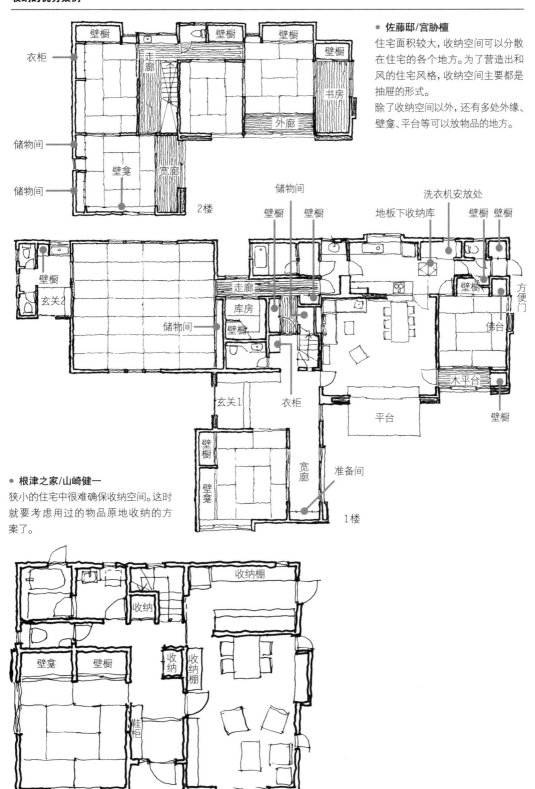

图2

收纳的优秀案例

● 佐藤邸/宫胁檀

住宅面积较大，收纳空间可以分散在住宅的各个地方。为了营造出和风的住宅风格，收纳空间主要都是抽屉的形式。

除了收纳空间以外，还有多处外缘、壁龛、平台等可以放物品的地方。

衣柜

壁橱

壁橱

壁橱

壁橱

储物间

书房

储物间

壁龛

宽廊

外廊

2楼

储物间

壁橱

壁橱

地板下收纳库

洗衣机安放处

壁橱

壁橱

壁橱

方便门

壁橱

玄关2

走廊

库房

储物间

壁橱

佛台

衣柜

木平台

玄关1

平台

壁橱

宽廊

准备间

壁龛

1楼

● 根津之家/山崎健一

狭小的住宅中很难确保收纳空间。这时就要考虑用过的物品原地收纳的方案了。

收纳棚

收纳

壁龛

壁橱

收纳

收纳棚

鞋柜

■ 收纳空间不足的解决方法之一是整理物品后把不要的物品丢弃，然而说起来容易做起来难。

■ 还有一种方法是把房间整理干净后再使用，在传统日本住宅中的库房或者仓库，只在必要的时候拿出必要的物品的生活方式也是可以参考的。

■ 准备一个一定容量的空间，然后将其作为专用的收纳空间使用的形式被称为"集中收纳"。里面堆放的是平时不太使用的物品（比如以季节分类的衣服、被子、滑雪用具等）和只有正月、端午节等一年只用一次的节日用品，以及孩子在学校制作的绘画和工艺作品大部分也都是先丢在里面。还有纪念品、工艺品、美术品等，基本上都是不常拿出来的保存物品。这些都会放在集中收纳处。

■ 集中收纳通常都位于阁楼或者地下室等，然而要注意这些地方出入口狭窄，上下的楼梯又很陡峭的话，使用起来也不方便，最后很可能就变成没人用的没有价值的死角。

■ 地下室还需要慎重考虑防潮事宜在收集建筑用地信息的时候，也要考察一下土地的渗水情况、地质、地下水水位等。

■ 集中收纳的房间中通常会有整理用的棚架，订制或者现成的都可以。有比较大的储物箱的话，就要使用较大的棚架，并且要确保其承受力足够。

图1

储藏间的思考方式

有了储藏间这样整体的收纳空间后，收纳规划也会一直比较轻松。就像以前有仓库的话基本上就万全了一样。

● 墙面的长度要优先规划

储藏间一般来说最好有9~10 m²，由于物品一般都沿着墙面摆放，墙面的长度要最大限度考虑。

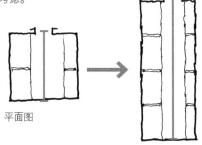

平面图

● 相比屋顶高度更重要的是平面面积

屋顶高了之后收纳量虽然会随之增长，但却并不一定易于使用。只要能够确保人行走的高度的话，增加面积会更易于使用。

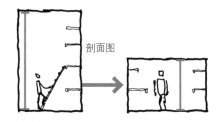

剖面图

● 注意换气

利用阁楼和地下室等空间时为了防止湿气和高温对收纳物品产生损害，一定要确保有通风换气的对策。

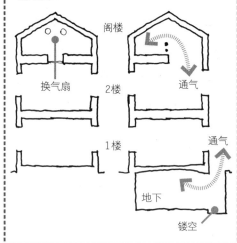

换气扇　　阁楼

2楼　　通气

1楼　　通气

地下

镂空

图2

集中收纳空间的案例

- 名越邸/宫胁檀

1楼有两处,2楼有一处库房。和仓库一样,库房也是重要的收纳空间。

这个案例中的多功能房利用地下梁还营造了一个地板下收纳空间。

地下梁的大小虽然在结构设计的时候就已经定下来了,但是有些梁会比较粗,中间就有可供人活动的空间。这时就可以在保证换气防水的条件下用作为收纳空间。

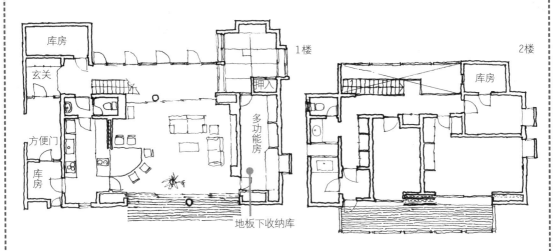

- 吉见邸/宫胁檀

这个案例在各个房间分散设置了收纳空间。

而卧室附属的收纳空间确保了面积,意在作为步入式的形式来使用。

屋外收纳

■ 在物品使用的地方收纳的对象主要就是一天要使用多次的日常用品，以及手边的物品。与之相对的集中收纳的对象，则是存取频率较低的放在库房或仓库里的季节性用品、节日用品、保存物品。

■ 在考量布局中收纳规划的时候，一定不能忘记主要是在室外使用的物品，不想拿到房间里的脏东西，以及在屋外存放更方便的物品。一般来说作为外部结构规划的储物室就是外部收纳空间。这部分不和建筑布局整体一起考量的话，就有可能有平衡感较差，整体印象令人不安定的感觉产生。收纳在外部收纳场所的东西，主要有花园里用的铲子、肥料和洒水器等。还有用来清扫外部环境的扫帚、簸箕和野营用品等。

■ 有时还有自行车、打气筒、交换轮胎和工具等。

■ 储物间和车库并在一起的话，体积就可以非常大，不和住宅本体规划一起考量的话可能会有统一性方面的问题。

■ 建筑本体、车库，以及储物间不应该分别分布，而是要在住宅的中间嵌入车库形成一体的规划，这样使用起来更方便，整体也更和谐。建筑的入口通道也更容易取得平衡。比如说两层楼的住宅本体以下方凸出的形式安置储物间和车库的话，整体看上去会更为稳定。

图1

屋外收纳的思考方式

在外部结构的规划中，往往会忽略了外部的储物空间，最后仓促利用库房小屋来凑数。不加以注意的话，和建筑本体的协调性就会变差，整体平衡感也会缺失。

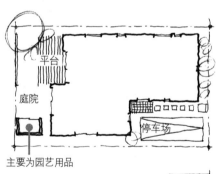

平台

庭院

停车场

主要为园艺用品

主要为车辆用品

● **位置定在使用的场所**
收纳场所随着使用的物件位置而改变。车辆用品就放在停车场边上，园艺用品就放在庭院附近，垃圾则存放在方便门附近，不妨按照这个思路去规划。

● **形态从两个方向去思考**
形态上有另设一处，以及和住宅本体一体化的两个思考方向。无论哪一个，都会影响到实际建筑面积的计算，一定要慎重考虑。

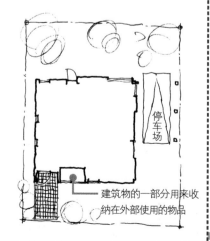

停车场

建筑物的一部分用来收纳在外部使用的物品

图2

屋外收纳空间案例

● **藤井邸　1楼/宫胁檀**
在庭院角落里设立了
一个2 m²不到的储物
间，样式和建筑本体统
一到一起，整体外观协
调。

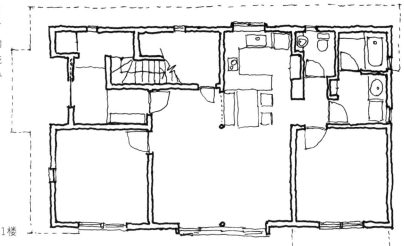

1楼

储物间

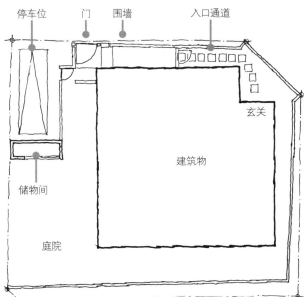

停车位　门　围墙　入口通道

玄关

建筑物

储物间

庭院

● **木村邸外部结构/宫胁檀**
用隔墙分开停车位，内侧作为储物空间使用，作为
门、围墙等外部结构的一部分。

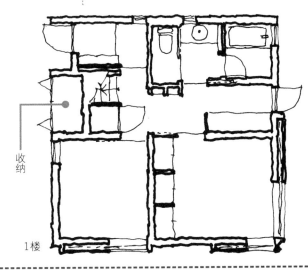

收纳

● **仙台之家　1楼/永田昌民**
建筑的一部分作为外部收纳空间的案例。

1楼

玄关外的信息交互界面

■ 玄关是建筑的门面,也是私人空间和公共空间的连接点。一方面用来热情迎接访客,另一方面也保证了厅内的安全性和私密性。

■ 通常在玄关和入口通道的大门附近安装有向公共领域传递私人领域信息的物品,从公共领域接收物件(邮递、报纸、牛奶、快递等)并传递到私人领域的设备,以及用来识别来访者的设备。根据具体情况有时还会有监控摄像头。这一类信息交互界面的厂家有各种机器类厂家、建筑金属件厂家、通信设备厂家等。这些机器之间的设计理念可能各不相同,尺寸规格也各有不同,安装方式也不一致。如果不在安装位

置和方式上用点心思的话,很可能使得建筑的门面变得杂乱不堪。

■ 现成的收件箱体中有那种在一个箱体里集合了收件、照明、对讲等综合功能的设计。把原本散乱的物品都统一到一个设计中来,使得玄关附近能够整洁美观。在考虑布局的时候,也可以探讨一下需要的条件是否都能满足。

■ 信息交互界面机器类要和建筑风格一致的话,就需要在设计进行的阶段就将其放入考量内容中来。根据整体布局的条件,也可以采用省略收件箱体,邮递物直接扔到房间里(通过邮递口)的方式。

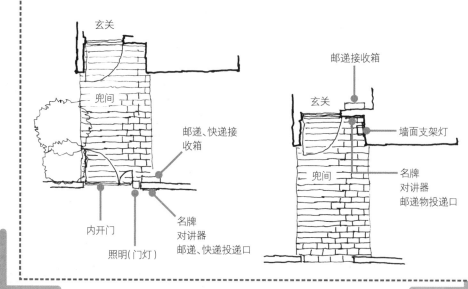

图1

作为私和公的连接点来思考

玄关外侧和门的附近是私和公相接的重要场所。而作为在公和私之间交换信息的必要装置和机器集中的地方,为了使用舒适,也要对其做一番整理。

● **集中在大门的附近**
作为公和私的交接点,处理好的话可以将两者边界划分得很清晰。

● **集中在玄关门附近**
可以考虑把所有设施都放在玄关门附近,或者门灯、名牌留在大门附近,其余的留在玄关门附近。无论哪一种,安全方面需要提起足够的注意。

玄关

兜间

邮递、快递接收箱

内开门

名牌
对讲器
邮递、快递投递口

照明(门灯)

邮递接收箱

玄关

墙面支架灯

兜间

名牌
对讲器
邮递物投递口

图2

信息交互界面的设置案例

● 小松邸/宫胁檀

在门柱的位置安装有集合了名牌、邮递物接收口、对讲器、牛奶箱的箱体。

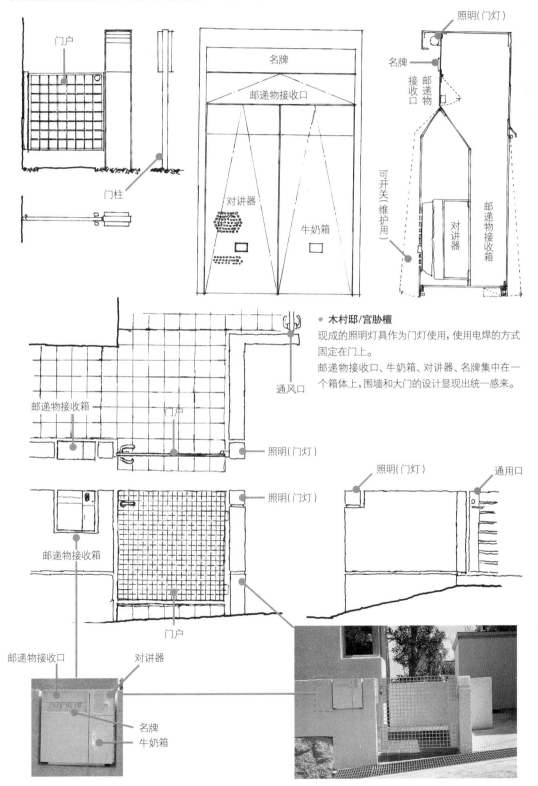

门户

门柱

名牌

邮递物接收口

对讲器

牛奶箱

照明(门灯)

名牌

邮递物接收口

可开关(维护用)

对讲器

邮递物接收箱

● **木村邸/宫胁檀**

现成的照明灯具作为门灯使用，使用电焊的方式固定在门上。

邮递物接收口、牛奶箱、对讲器、名牌集中在一个箱体上，围墙和大门的设计显现出统一感来。

通风口

邮递物接收箱

门户

照明(门灯)

照明(门灯)

通用口

邮递物接收箱

门户

邮递物接收口

对讲器

名牌

牛奶箱

方便门的功能

■ 方便门指的是和厨房相连的外部出入口。如果说玄关是表侧的出入口，那么方便门就是背侧的出入口了。方便门不仅可以作为厨房的入口，也可以有其他的用途。内部玄关可以作为家庭成员（特别是孩子）日常出入的地方，也可以作为有异常状况发生时的避难逃生方向之一。

■ 方便门也可以作为厨房的采光、通风口使用，在规划独栋别墅住宅的布局的时候可以考虑采用。习惯了公寓生活的话，即便没有方便门对于生活也不会有什么影响。但是迎接来客和倒垃圾要尽量避免使用同一个玄关。

■ 方便门的规划会受到家庭产出的垃圾的影响。日本许多地区政府都对垃圾进行分类回收，不同种类的垃圾回收的日期也不同，因而需要在自己的地方存放一阵。这时就可以通过方便门连接多功能庭院，开辟一个室外的垃圾堆放点。

■ 如果玄关直接通往多功能庭院（方便门外面设立的有屋顶的小型空间。可以作为垃圾临时堆放点、摆放扫除工具、简单的洗涤晾晒场所等）的话，稍微扩大一些方便门的毛地空间，也可以作为多功能房间来使用，洗衣服也会更加轻松。

■ 多功能庭院和方便门连接之后使用会更方便的就是自行车停放场所及停车位（车库）了。家庭成员购买食物等回来后能马上拿到厨房确实会省力很多。这里需要注意的是自行车车位、车库和方便门毛地的高度差（有时候会需要台阶），以及方便门打开的轨迹对于自行车车位和车库重叠时的处理。

图1

从方便门的功能引出的规划

● **厨房道路型**

直接连接到厨房的形式，垃圾处理比较方便。厨房有一部分毛地的话换鞋什么的也会方便一些，不过面积上不允许的话，没有毛地也无妨。

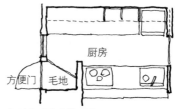

● **经过多功能房的形式**

方便进出晾晒场的形式。连接到厨房的话，方便门的部分做成毛地形式，可以作为厨房方便门的毛地来使用。也可以作为厨房的挡风间来使用。

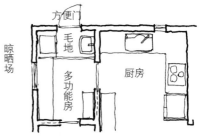

● **经过玄关的形式**

可以将玄关毛地作为方便门毛地来使用的形式。省去了专门的方便门，但是注意要垃圾等影响玄关附近视觉效果的东西。

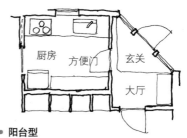

● **阳台型**

厨房位于2楼等，不与地面直接接壤的地方时，可以设立一个厨房专用的阳台。用以堆放垃圾和带泥的蔬菜。

2楼

图2

方便门的设置样例

能够从玄关以外的地方直接进出住宅的话（除了阳台和平台之外），住宅的易用性会提高许多。在独栋别墅中最好能够考虑一下开设方便门的事宜。

1楼

● **二瓶邸　1楼/宫胁檀**
方便门朝着玄关毛地开启，可以作为1楼住户的内部玄关使用。而通往室外的出口只有玄关一处。

● **神宿邸　1楼/宫胁檀**
玄关前朝向兜间一面设有方便门。因为和前方道路呈正交的关系，从道路一侧看不到位置，可以方便地充当内玄关使用。

1楼

前方道路

● **加藤邸　1楼/宫胁檀**
没有所谓的玄关结构，方便门兼具玄关的功能，可供家庭成员出入使用。

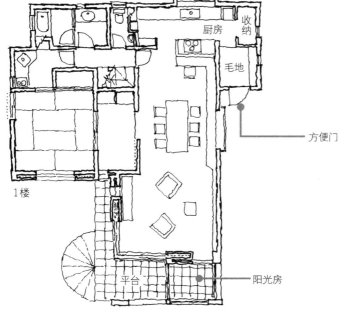

1楼

085

天窗的开设方法

■ 天窗最重要的特征就是采光效率好。相比较于墙面的窗户，同样的面积可以获得3倍的进光量。最适合于手头需要明亮的工作环境的场合。并且天窗可以给朝北的房间也带来明亮的气氛，仰望天空和星空也有特别的开放感。

■ 一般来说天窗开设在房间最高的地方，将这里设计成可以开闭的结构用于排气和换气的话，房间内的风就可以回旋上升，使得每个角落都能有令人心旷神怡的微风拂过。

■ 为了能够活用天窗的这些优点，也需要知道天窗的缺陷，在考虑是否要采用的时候

需要注意一下。

■ 天窗是开设在屋顶的窗户，不慎重对待的话会成为漏雨的原因所在（因为有漏雨的可能所以也有人拒绝安装天窗）。

■ 而且直射的阳光照在内装上会导致内装褪色，阳光照射进来也会令屋内温度上升。这种情况下，就需要把天窗安装在直射阳光照不进来的位置，或者采取隔热、遮光措施。

■ 要知道天窗的玻璃面的隔热性能相比屋顶和外墙面要差很多。

图1

安装天窗的思考方式

天窗原则上是装在屋顶上的，作为在建筑密集的狭小地势上建造的住宅的采光手段来说非常有效。

● **避开阳光入射的方向**
阳光直射会导致热量堆积。空调的负担也会加重。内装材料也会被照射褪色。因而在探讨的时候就要认真考虑天窗的位置和光照入房间的位置。

● **和日照调整装置一起使用**
在考量天窗的位置时，随着太阳活动以及季节更替，很难做到完全避免阳光直射。这时就可以用百叶窗和遮光屏等来遮挡直射光。

● **和天井一同使用**
天窗的进光量是墙面窗户的3倍。配合天井使用可以照亮2~3层楼面。天窗是用来凸显天井意义的重要装置。

● **提高隔热性能**
天窗是屋顶面的一个构成部分，如果天窗没有屋顶其他部分同等以上的隔热性能的话，这里就会变成隔热的盲点。

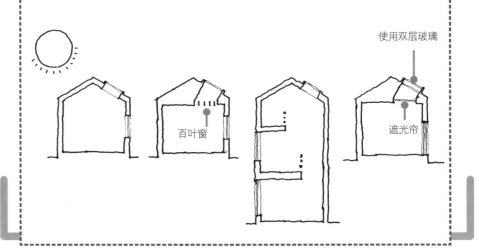

使用双层玻璃

百叶窗

遮光帘

图2

天窗的安装案例

● 佐川邸/宫胁檀

建在都市部分的建筑密集地中,1楼的起居室采光全靠天窗。

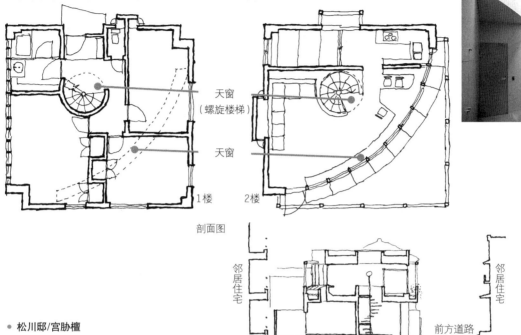

天窗
（螺旋楼梯）

天窗

1楼   2楼

剖面图

邻居住宅   邻居住宅

前方道路

● 松川邸/宫胁檀

屋顶面安装的固定窗户和百叶窗作为起居室
和厨房的采光及换气功能使用。

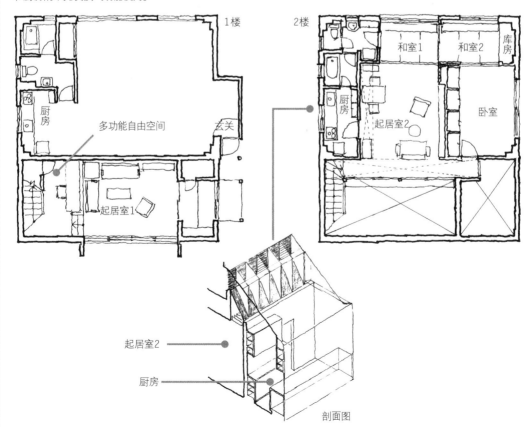

1楼   2楼

厨房

多功能自由空间   玄关

和室1   和室2   库房

厨房

起居室2   卧室

起居室1

起居室2

厨房

剖面图

086

安设天井

■ 所谓天井是指在建筑物2楼以上不建楼板，从而形成井状空间的建造形式。有天井的房间看起来明亮开放，多用于起居室和玄关大厅上。

■ 虽然楼梯间通常也是上下打通的形式，但是楼梯接触到了上一层的楼板（屋顶），失去了井状的感受（围着大型天井建造的起居室楼梯另作别论）。

■ 有打通空间的房间上下形成一个空间较为宽敞，声音和味道可以在房间上下传递，即便互相看不见也能够感受到对方的存在。家长在1楼的厨房、餐厅和起居室里能知道2楼个人区域的孩子的情况。反之，2楼的孩子也能知道1楼的公共区域的厨房、餐厅和起居室的情况。

■ 这些可以当作优点来考虑，不过声音和气味扶摇直上有时候也会被看作缺点。比如说2楼就寝的人会被1楼看电视的人的声音影响到。在考虑采用天井结构的时候，要和客户就生活方式中如何对待这些优缺点做好细致的讨论。

■ 并且有天井的房间可能会出现1楼脚底下还非常寒冷，2楼已经暖和得连外套都不需要了的情况。这是因为空气加热后形成的对流现象，暖空气变轻后渐渐聚集在上方空间造成的。1楼采用地暖之类热辐射的取暖方式可以某种程度上解决这个问题。

■ 因此在考虑采用天井的方案布局的时候，不妨和地面取暖一起考虑。想要更加发挥出天井的魅力，那就和天窗组合起来一起考量。

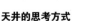
图1

天井的思考方式

天井会有各种优势、劣势，不管怎么说能够营造出明亮开放氛围的房间是其魅力所在。

● **天井的效果和开口面积无关**

开口面积较大的天井可以营造出动感的氛围。开井与生俱来的能让人互相感受到对方的作用即使在开口较小时依然有用。天井面积扩大的话就会相应造成楼板面积减少，一定要注意平衡感的把握。

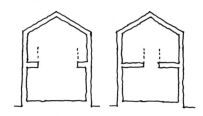

● **多层的天井可以不用位于同一个位置**

3层楼的建筑中，多层的天井如果位于同一个位置、呈同一个形状、开口面积也相同的话，布局上会比较容易把握。但是每一层分别以使用方便为优先考虑来设计布局结构的话，将多余的空间连接起来就会形成动态的天井，也可以让住宅的空间魅力更上一层。

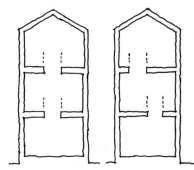

● **沿着外墙的缺口型天井**

一般的天井都是采用在楼板的一部设计出缺口的方法，也有将上层楼板整体沿着外墙切开，沿着外墙周围形成一圈裂缝状天窗的方法。这样可以让住宅整体的外壳感觉更为强烈，相比普通的天井来说，建筑的大小也更容易理解。

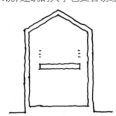

图2

天井的案例

● 101号住宅/竹原义二

3层结构的住宅中设计了充足的天井空间。天井的部分不算入楼板面积中，因而可以得到比实际建筑面积更大空间的宽敞感。而阳光也可以照射到半地下室的区域。

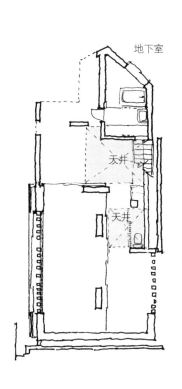
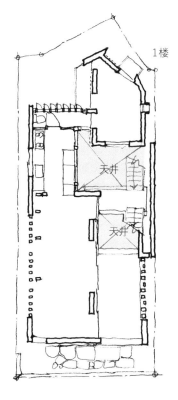
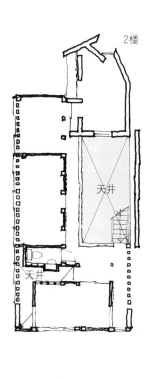

● 吉儿邸/宫胁檀

天井沿着建筑的外周墙面设计，在住宅内也可以充分感受到建筑的外部整体，实际感受住宅的大小。这个案例采用了外侧钢筋混凝土建造，内侧木结构的混合结构建造。通过外周墙面的天井，结构的差异看起来一目了然。

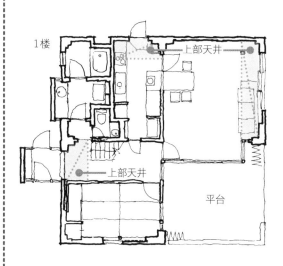
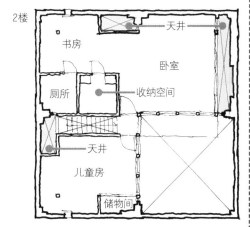

楼梯的思考方式

■ 平房中可以不用考虑的楼梯问题,在多层的建筑物中就不得不规划进去了。前辈曾对我说"能够出色地完成楼梯的设计就已经算出人头地了",然而在实际设计工作中会拘泥于楼梯的位置应该放在哪里,楼梯的上下方向应该朝哪里,笔直方案还是曲折方案,最后受到动线的左右迟迟没法做出决定。

■ 此外,确定楼梯位置的考量要素就是和玄关之间的关系。一般来说,玄关毛地不能面对着楼梯出入口的正面,当然如果是有意引导到2楼的话就是另一回事了。此外,出于住宅风水的考虑,楼梯的位置也需要认真商讨,这时候就需要和客户见面细致交流了。楼梯上经常发生滚落的事故,被称为是建筑中的危险设施。因此在布局时需要考虑适宜老年人的使用升降梯的形式、斜坡的形式等。

■ 建筑基准法对楼梯的宽度和斜坡(楼梯级高和踏板尺寸之比)有相应规定,而那是最低要求的基准,一般作为住宅性能标示制度,可以作为面向老年人的布局所需要的参考值(性能等级4.5级)。制度上写了要求坡度在6:7以下,以这样的标准设计直线楼梯的话,楼梯的长度就要达到3.15 m以上(平面图上的水平距离)。这种情况下如果考虑采用U形楼梯就要注意3 m²空间里容纳不下的问题了。U形楼梯一般被称为往复式楼梯。上下楼比较方便,安全性能也较高。这种形式安全性较高的原因是U形的折返部分(楼梯平台)必须要保证一定面积的缘故。

■ 楼梯的扶手至少要保证一侧有。如果可能的话两侧都设有扶手会更易于使用。从安全性方面考虑的话,扶手一定要有易于握持的粗细(直径32~40 mm)才行。

图1

楼梯形式的思考方式

● **直楼梯**(①)
呈直线状上下的楼梯。也称为铁炮楼梯。作为楼梯的基本形态,选择合适的建造方式可以做到占用最少的面积。万一踏空容易直接滚到楼梯底部而没有缓冲的中间部位,是一种比较危险的形态。

● **U形楼梯**(②)
也称作折返楼梯或者往复楼梯。楼梯高度一半的位置呈180°反转。反转的部分是一块平坦的楼梯平台,上下楼都比较轻松,万一脚底打滑也有一个接得住的地方,安全性较高。如果楼梯平台部分也有踏板的话,可以在有限的面积内增加楼梯级数。

● **上方转弯楼梯**(③)
直楼梯的上方尽头呈直角转弯。可以适用于各种平面布局。

● **下方转弯楼梯**(④)
直楼梯的下方尽头呈直角转弯。和上方转弯楼梯拥有同样的特征,据说比上方转弯楼梯更为安全。

● **两段转弯楼梯**(⑤)
上方转弯楼梯和下方转弯楼梯重合的形态。

● **弯折**(⑥)
楼梯高度的一半部分呈直角转弯。弯曲的地方是一块平坦的楼梯平台,上下楼都比较轻松,而且安全性也较高。

● **旋转楼梯**(⑦)
也叫螺旋楼梯。图中没有楼梯平台,呈一圈一圈上下的形态。设计感强,需要的面积少,但是不利于物品的搬运。

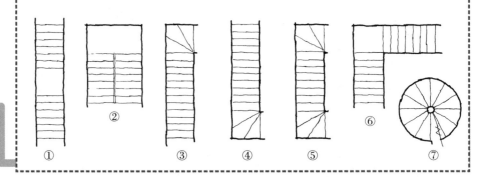

① ② ③ ④ ⑤ ⑥ ⑦

图2

决定楼梯的位置的基本思考方式

① 根据分区的思考方式不同也会产生区别,但是一般来说,通往外部的玄关(出入口)和楼梯的位置近一些为好。
② 2楼的布局会给楼梯位置产生很大的影响。过于追求和玄关的位置关系可能导致2楼的布局不合理。
③ 楼梯、走廊基本上是通过用的空间,动线距离要尽可能短。

① 靠近玄关

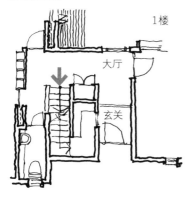

② 考虑2楼的平面布局

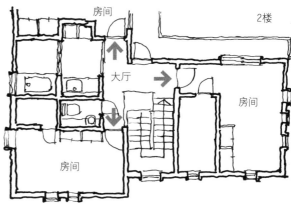

③ 动线尽可能短

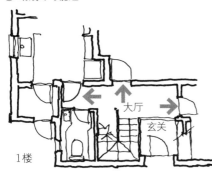

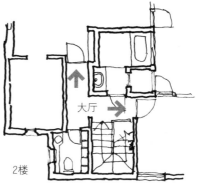

图3

布局中的楼梯形式

每天都要往来的楼梯不要只作为通路使用,在邻接部分稍微留一些空间可以更享受居住生活。

● 桥爪邸/宫胁檀
楼梯边上突起的部分作为书架使用,往来的时候可以看看藏书情况,走向卧室时可以想想今天要看哪本书也是一种乐趣。

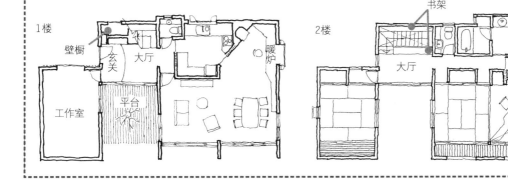

088

楼梯的结构（踢面高和踏面）

■ 楼梯的结构主要由段板或者说踏板构成，是楼梯的底面部分，也是用来上楼下楼踩的部分。

■ 踏板的表面又称为踏面，踏板和踏板之间的落差称为踢面高，为了安全起见，日本建筑基准法规定了建筑用途中踏面和踢面高的比例基准值。比如说住宅的踏面要有150 mm以上，踢面高则必须要在230 mm以下。不过要知道这只是最低的基准要求数值。实际在图纸上画出来的角度也接近于57°，已经是很陡峭的坡度了。另外，日本JR铁道车站等的楼梯踏面为330 mm左右，踢面高165 mm左右，坡度为26.5°。

■ 基准法中为什么要记载如此陡峭的坡度理由并不明确，可能是沿用了以前的住宅中的数值作为参考吧。使用这个数值的话，在一般的住宅中只需要1.6㎡左右的面积就可以安置楼梯。然而现在在住宅中比较推荐的是对老年人比较友好的缓坡楼梯。比如说住宅性能标示制度的基准等级4.5级的标准是踏面210 mm以上，踢面高180 mm一下，坡度大约是40.6°。

■ 但是按照这个基准去设计楼梯的话，楼梯的级数就会达到15~16级，在平面上需要有直线3360 mm左右的空间来容纳。因此在考虑住宅布局时就要下一番功夫去想出新的方法了。便于老年人使用意味着楼梯的宽度和走廊宽度等都要比以前的基准更宽。为了能够贯彻这样的方针，就有必要对布局中作为基准的模组能做到什么程度做一番探讨了。

图1

楼梯的坡度

住宅的楼梯坡度以前都是接近于左图的形式，而在现在为了方便轮椅通过和老年人使用，以住宅性能标示制度的基准等级4.5级表示的斜坡（图2）作为标准来设计建筑中的楼梯。
另外，以不确定的多数人为对象的车站设施中，采用了更为缓和的坡度（26.5°）。

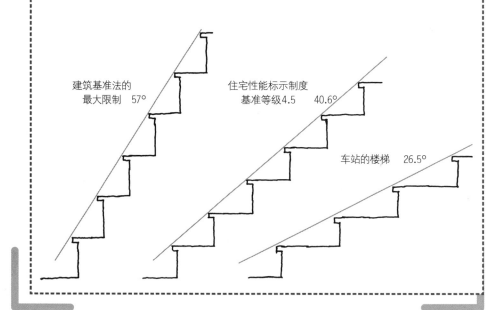

建筑基准法的最大限制　57°

住宅性能标示制度基准等级4.5　40.6°

车站的楼梯　26.5°

图2

楼梯的构成和结构

● 双侧墙面型

双侧被墙面夹着的形式。使用起来稍有闭塞感，易于安装扶手，楼梯的结构可以有多种选择。比较近似的有单侧墙面的形式，一侧靠着侧墙的形式，没有闭塞感。

● 单侧墙面型

一面靠在墙上，另一面为开放的扶手。扶手一侧对楼梯的构造也会有影响，有各种设计方案可供选择。

● 独立型

和墙面分离，楼梯自身独立的形式。常见于天井处的楼梯，楼梯结构外形上可以有很大的设计空间。

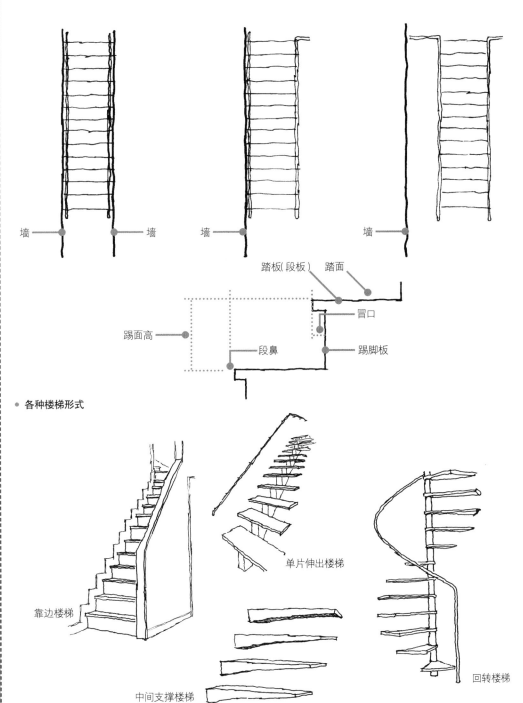

墙　　　　墙　　　　墙　　　　墙　　　　墙

踏板（段板）　踏面

踢面高

冒口

段鼻　　　踢脚板

● 各种楼梯形式

靠边楼梯

单片伸出楼梯

中间支撑楼梯

回转楼梯

089

楼梯的结构（护墙板和扶手）

建筑中有叫护墙板的部分，指的是在墙面和地板接触的部分墙侧的横板。用来保护墙面不被吸尘器口和高跟鞋根碰伤弄脏，并营造出墙面和地板的直线美感。同时在设计方面还具有掩盖墙面、地面的凹凸不平或裂缝的功用。

楼梯采用双侧墙面型和单侧墙面型时，踏板（短板）和墙面有支撑的地方，就有必要考量一下护墙板的问题了。有楼梯部分也采用和连续的走廊及房间统一的方案，从设计的角度上来说，采用同一种方案的视觉连续性会更好。

然而楼梯的踏板部分呈阶梯形和墙面连接，具有一定深度的冒口部分时（参考第179页图2），护墙板的安装方式就会变得十分复杂，一定要慎重考虑。

安设楼梯的同时也有安装扶手的义务。作为上楼下楼的辅助装置的扶手，是为了防止滚落而设的必要的安全装置，尽可能在两侧都安装。另外，虽然楼梯的宽度由墙面之间的宽度来决定，但是扶手只要从墙面伸出100 mm左右就可以满足必要宽度的要求。扶手凸出来的部分越多，楼梯的狭窄感越强烈。因此要尽可能保证扶手的内侧距离能够符合规定宽度的要求。

探讨扶手形状的时候，要从扶手设置目的出发，将易于把握放在第一位考虑。一般采用直径35 mm的略细的圆木棒来作为扶手使用。此外，椭圆形之类扁平的形状可以防止手打转，据说对保持身体平衡也更有效。

图1

支撑楼梯踏板的结构

● 靠边支撑型

两侧的靠边厚板呈斜向摆放，支撑住踏板，可以是双侧墙面型、单侧墙面型、独立型的任意一种。侧面支撑的内面放在外侧作为护墙板来使用的案例也不少。踏板直接嵌入墙面，靠墙体的结构（间柱和胴缘）支撑，这时候就需要控制两边支撑的厚度。

靠边支撑

● 下方支撑型

和楼梯一样呈梯形的支撑架撑住踏板的两端。相比靠边支撑形式外观更为轻快，多见于单侧靠墙但不嵌入墙面及独立的形式。不安装护墙板的形式看上去更为轻快。

● 中间支撑型

在踏板的中间用一片支撑架支撑。多见于独立型的楼梯。支撑架虽然和梁或柱差不多厚重，然而因为表面的部分只有踏板的缘故，外观上非常的轻快。由于通常不安装踢脚板，因而可以看到楼梯的另一面，很适合用于开放的大厅中等不希望视线被妨碍的场合。

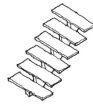

● 单片伸出型

踏板的一段埋入墙中，其余部分伸出。形状看起来如同单侧墙面型。墙另一侧的踏板外露，看起来轻快明朗。这种形式可以使用预应力混凝土建造，也可以使用木材质。

图2

关于楼梯的护墙板和扶手

日本家中楼梯踏空的事故经常有报道。现在作为预防措施,已经强制安装扶手了。
扶手要符合在万一需要的时候能够抓牢的要求,从惯用手的角度来说最好左右两边都有。而护墙板的设计可以选择和走廊保持连续性,或者完全独立设计。

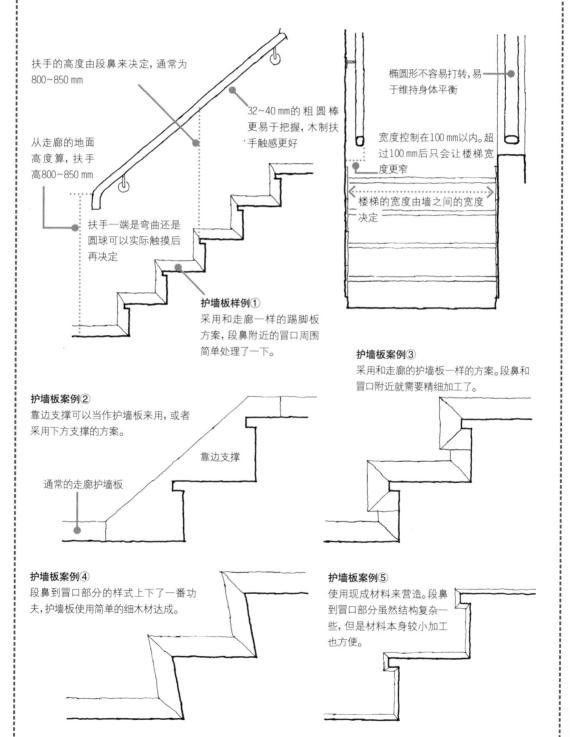

扶手的高度由段鼻来决定,通常为800~850 mm

从走廊的地面高度算,扶手高800~850 mm

32~40 mm的粗圆棒更易于把握,木制扶手触感更好

扶手一端是弯曲还是圆球可以实际触摸后再决定

椭圆形不容易打转,易于维持身体平衡

宽度控制在100 mm以内。超过100 mm后只会让楼梯宽度更窄

楼梯的宽度由墙之间的宽度决定

护墙板样例①
采用和走廊一样的踢脚板方案,段鼻附近的冒口周围简单处理了一下。

护墙板案例③
采用和走廊的护墙板一样的方案。段鼻和冒口附近就需要精细加工了。

护墙板案例②
靠边支撑可以当作护墙板来用,或者采用下方支撑的方案。

靠边支撑

通常的走廊护墙板

护墙板案例④
段鼻到冒口部分的样式上下了一番功夫,护墙板使用简单的细木材达成。

护墙板案例⑤
使用现成材料来营造。段鼻到冒口部分虽然结构复杂一些,但是材料本身较小加工也方便。

楼梯的活用案例

■ 楼梯和走廊等空间, 如果只作为房间之间
移动时的通道使用的话, 整体布局时最好
保证尽量短的距离。然而这部分空间稍
微下一些功夫,整理出一些死角位置之后,
这些地方就可以焕然一新了。

■ 墙面较厚的空间可以作为文库本和小物
件之类的储物架, 也可以仅作为装饰架
使用。

图1

台阶的活用案例

● 米屋邸(台阶部分的剖面图)/宫胁檀

活用竹和梁的死角部分, 作为书架和装饰架来使用。棚架进深较浅, 正好适合摆放小物件来作为
装饰架使用。

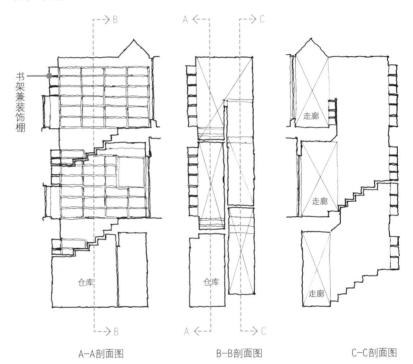

书架兼装饰棚

A-A剖面图　　　　　B-B剖面图　　　　　C-C剖面图

● 桥爪邸(楼梯部分的剖面图)/宫胁檀

设立了一个书架,在去就寝的途中可以从中挑选今天要读的书,这个过程也颇为有趣。

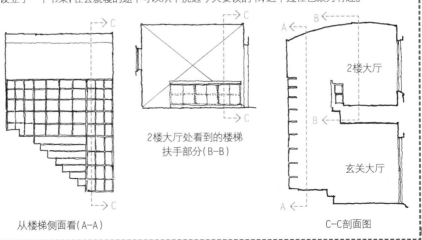

从楼梯侧面看(A-A)　　2楼大厅处看到的楼梯
扶手部分(B-B)　　　　C-C剖面图

设计的发展案例和

竣工图

制作竣工图

■ 所谓竣工图，是用来记录建造好的建筑的实际状态的图纸。建筑的建造工事是基于设计图来进行的。然而随着工程的推进，客户可能会有新的要求导致设计内容变更，或者设计中预想的状态和实际现场的状况不一致，不得不变更设计等。因而建筑最后的形态不一定完全和设计图上一致。

■ 就需要修缮和改建的可能性较高的供排水设施来说，路径变更之后就和设计图上不一致，现场变更发生的概率还是较高的。能够正确反映现状的竣工图在修理和改造的时候就能作为重要的资料使用。竣工图足够详细的话，对于修缮和改造工事也有帮助，从成本方面来考虑也有优势。

■ 竣工图是以设计图为基础，并在其上修正之后做成的。这时候可以参考施工方在施工时制作的施工图。竣工图一般由描绘了设计图的设计师来制作。作为设计师，知道在实际现场根据设计内容进行过什么样的处理，对于以后的设计也是非常有意义的。外形设计方面，表面装饰材料的变更情况时有发生。更改过的材料要从生产厂家到产品编号都认真修正，在修缮时可供顺利地查找。更换过表面材料的话，作为基底的材料也可能发生变化。基底变更从表面上看不出来，必要的记录是非常重要的。不得已的时候，竣工图也可以委托施工方来完成。不过即便如此，设计师也要认真监督，明确知道设计的哪个部分实际上发生了什么改变。

表1

竣工图制作时的注意点

种类	内容
设计图	
表面加工类	记录表面装饰材料的变更内容（材料种类、型号、尺寸等）
	记录表面加工范围变更
平面图	记录隔墙的变更
	记录壁龛、凸屋等的追加或变更
	记录门窗位置、大小的变更
	记录门窗打开方式的变更
	记录地面表面材料变更的几个地方的纹理图
立面图	记录门窗部位大小、形状等的变更
剖面图	记录屋顶高度的变更
	记录门窗部位高度的变更
	记录表面材料的变更
	记录屋顶高度、楼层高度等的变更
展开图	记录门窗部位的变更
	记录屋顶高度的变更
	记录隔墙位置的变更
	记录壁龛、凸屋等的追加或变更
详细图	整合施工图
结构图	
平面图	记录可能有的建造材料型号变更
	记录可能有的小支柱、椽子等的比例变更
设备图	
电气设备图	记录使用机器的种类、型号变更
	记录排线路径的变更
	记录追加的机器、电路
供排水设备图	记录使用电器的种类、型号的变更
	记录排管路径的变更
	记录追加的机器
空调设备图	记录使用机器的种类、型号的变更
	记录排管、管道的路径变更
	记录追加的机器

图1

现场监理用的红笔标注的图纸

和户主会面后，如果实施设计有变更、修改的话，就用红笔在现场监理用的随身图纸上标注上内容，并现场传达给工匠。在现场发现的不合适的地方也用红笔做标注，最后都反映到竣工图中。

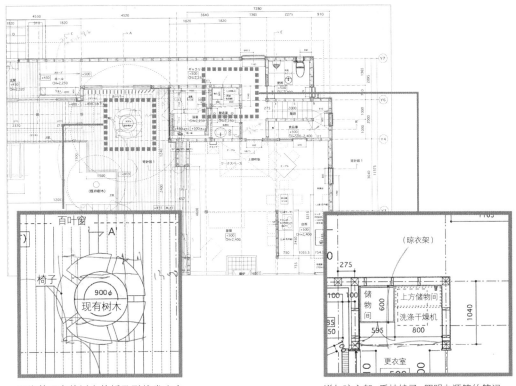

围绕着现有的树木的板凳形状发生变更时的笔记

增加晾衣架、手持镜子、照明电源等的笔记

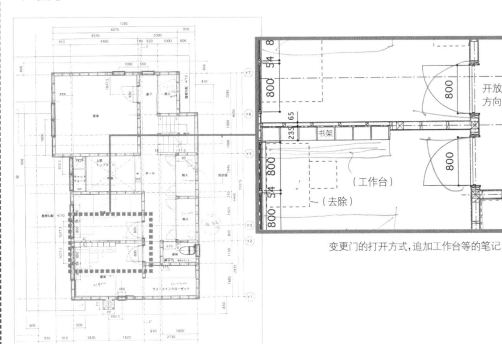

变更门的打开方式，追加工作台等的笔记

植栽规划

■ 外部构造的规划一定要和建筑本体的设计一起进行。这时候所要探讨的外部构造对象，并不仅仅是停车位、空调室外机、外部水道的蛇口之类，还包括树丛围墙和庭院植物等植栽部分。

■ 植物和植物之间的关系相当密切，不管建筑的外形是不是明朗，总之植物是一定要有的。建筑师清家清曾说过"建筑设计陷入瓶颈的时候不妨就种些植物试试看"。树木有着掩盖建筑本身设计失败的神奇力量。

■ 虽然植物看起来不会动，但是经过5年、10年的时间之后再去看的话又确实大不一样（成长了）。笔者曾经有觉得建筑竣工时周围的树木太少太凄凉而不听园艺师的忠告的教训，在树丛围墙种植了超过基准很多的树木，几年之后反而过于茂盛不得不清除一些。

■ 还有一个案例中，朝着庭院的房间中，为了冬季阳光可以直接照射进来，夏天能有一片树荫而种植了高大的落叶树，7~8年后房间被茂盛的树叶挡住反而显得昏暗了，而且生长出来的枝杈甚至逼近了建筑的屋顶，大风吹起来的时候会有碰到屋顶产生危险的可能。最后只好一边抱着抱歉的心情，一边把树砍掉了。

■ 因此在进行植栽规划的时候，最好能按5~10年的跨度去思考。一定不要焦急，以树木的生长为考量。关于植栽规划的部分，建筑师西泽文隆先生曾经说过"把自己的想法告诉园艺师就好了""选择树木种类的工作交给专业的园艺师就好了"。虽然对于树木的特征我也略有研习，但是这方面还是要认真听取专业的园艺师的话，对此我有过沉痛的经历，深表赞同。

植栽规划的案例

植栽是关于对待植物的学问，但是设计规划的人未必就对植物非常了解。

一般来说，从事建筑设计工作的人对木质建材的性质和种类多少是懂一些的，但是对于眼前的植物就未必了解很多了。所以可以把植栽规划委托他人来完成，不过这时候也会有和建筑整体形象不吻合的情况发生。植栽确实是外部构造的一个重要因素，需要和内装放在一起考量。

我曾经询问过对植物比较了解的西泽文隆先生到底要怎么做才比较好，他回答说"根本不需要去记住植物的名字，植物的事情交给植物的专家（园艺师）就好了。设计师只需要把自己的想法传达出去就够了"。按照这个方法就有了右图中的例子（以下的编号对应右图）。

● **木村邸 外部构造/宫胁檀**

1 在这里想要一个能挡住大门外视线的树，最好是常青树。
2 想要一处在家务房可以眺望的树木，最好是开花的矮木丛类。
3 想要遮挡一下邻居的视线，最好是叶子较为密集的常青树。高度在3 m左右吧。
4 这里想要一个遮挡起居室视线的树木。3棵左右，主树最好有4~5 m的高度。落叶树也许不错。
5 希望可以有一些视野，矮木丛、叶子较小的树比较适合。
6 从起居室可以看到的另外一边可以放松眼睛的地方，同时兼具遮挡邻居视线的功能，希望是3 m左右的常青树。
7 希望这里有一片连续的不间断的绿色。
8 希望有一处餐厅里可以看到的，用来放松眼睛的植栽。和5一样的植物也许不错。
9 遮挡道路一侧的视线，想要一片块状围墙风格的常春藤类植物。
10 从厨房里可以看到的用来放松眼睛的地方，希望是能让人心情愉快的树木。
11 这里铺设沙砾。
12 这里铺设草坪，希望是常青的品种。

图1

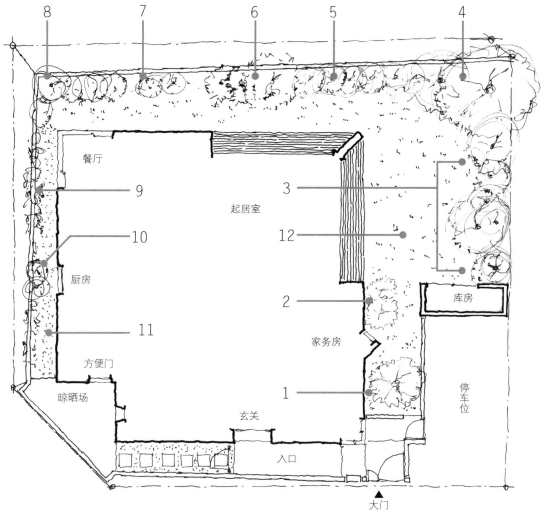

● **要知道成长时的树木高度**

矮树（树高1~2 m。六道木、棣棠花、麻叶绣球菊等）、中等树木（树高2~5 m。龙柏、山茶花、桂花等）、高大树木（树高5~10 m以上。樱花、榉树、松树等）三种。

● **还有地面覆盖的种类**

覆盖在地表不显眼的植物类可以作为地面纹理使用。草坪（日本草、四叶草等）、一部分矮树（姬栀子、皐月杜鹃等）、吊苔类（日本常春藤、金银花等）、竹草类（玉龙、龙须草等）、蕨类（卷柏、木贼等）、苔藓（毛苔、大灰藓）等。

● **常青树和落叶树**

常青树（合欢树、山桃花等）一年间树叶常绿，新叶长出来时更替（落叶）。落叶树（银杏、山茱萸等）在秋天落叶，第二年春天重新长出新叶来。

● **宽叶树和针叶树**

宽叶树（樟树、夏椿、绣球等）叶子宽阔扁平。针叶树（罗汉松、杉树、杜松等）叶子呈针状细长。

● **开花木（果树）**

可以赏花用（梅花、绣球花、日本玉兰等），结果用（木瓜海棠、杏子、黑莓等）等，可以栽培赏玩。

● **阴树和阳树**

植物一般来说都喜欢日照条件良好的地方，但是也有对光照条件要求不高的树，比如在树荫下也能成长起来的在日本叫阴树（冬青、八角金盘、瑞香花等）。喜爱日照充分的在日本叫阳花（橄榄树、紫薇、芙蓉等）。

建筑用地条件发生变化时的对策

■ 住宅的理想建筑用地是存在的。比如风水就是一种典型的判断方式。

■ 建造整栋建筑的建筑用地，地形平坦是最理想的。建造在郊外的住宅常设置梯台，这也是为了在自然倾斜的地势上营造出理想的建筑用来。建筑承包商建造标准建筑的前提也是要有整形后的平坦建筑用地。然而根据笔者的经验来说，实际上约有半数的施工用地整形后也并不平坦，呈现三角形、多边形、过于狭窄或者扁平等，使得标准模组在那里没有办法使用。

■ 在这种条件下，就需要一边考虑布局调整，一边在建筑和土地间的关系、建筑物的结构和施工方法等方面下功夫思考一番，才能建造出居住舒适的住宅来。比如在狭小的建筑用地上布局规划很难取得余裕，建筑不得不考虑依地面形状而建。但是也要避免建筑完全沿着地形建造，为了贴合地形而牺牲布局，以及在结构和施工方法上做取舍的话就是本末倒置了。

■ 另外，邻接旗杆地杆状部分过于细长时，可以和邻居商量一下能否一起营造一个宽敞一些的公用空间出来。如果是陡峭斜坡地形的话，施工就比较费时费力了。这种情况下要尽量减少在斜面上进行的工事范围，在设计上下一番功夫。斜面面积太大的话，最后都会陷入窘迫的境况。

■ 采用陡坡的建筑用地来建造的情况多发在建造第二栋住宅的情况下。尽量减少和土地接触部分的面积，采用钢筋混凝土建造，上方铺设钢筋混凝土的地板来作为主要居住空间使用，这种设计手法较为有效。主要部分都离开地面一定距离，作为经常无人居住的第二栋住宅来说防盗效果也更好。

COLUMN

风水上理想的建筑用地

从风水的角度来看，理想的建筑用地应该是在北面靠山的南下方平坦地上，东面有流水，南面有池塘，西面通大路的地块，但是并不一定时常可以得到满足。顺便一提，京都市的地形三面围山，位于南面缓坡平坦地势上，从风水上来说是一块不错的地方。

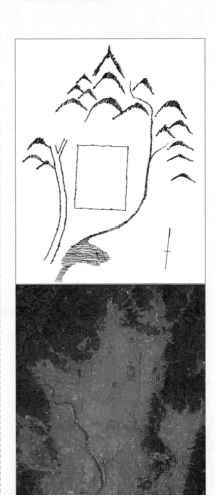

京都的地形
平安京所在的京都的地形，如图所示三面有山，南面是缓坡平坦地势，完全就是一块风水宝地。

图1

克服建筑用地恶劣条件的一些提示

尽管都市的地价高昂但也要尽可能确保足够大的建筑用地面积。

并且整体布局也以建筑用地内可以取得的最大面积为准。在邻接道路和方位等允许的条件下,尽量以确保地面面积为优先考虑。

- 在建筑密集的地方要避免建筑用地狭长,尽可能保证足够的建筑用地面积。
- 未整形的地形要在建筑用地内以能取得最大地面面积的场所为中心开展设计。
- 陡坡上要尽可能考虑避开沿着斜面建造的方案。
- 为了确保采光通风,可以积极采用天窗、高窗、庭院等方案。
- 临近道路过于狭窄等原因可能使得一般的施工方法难以得到施展,因而要预先和施工方就使用的材料和施工方法做好沟通。有时候可能需要改变设计方案。
- 根据情况可能要和客户重新商讨改变一下生活方式。不过也仅限于没法采用最普通的房间布局的情况。

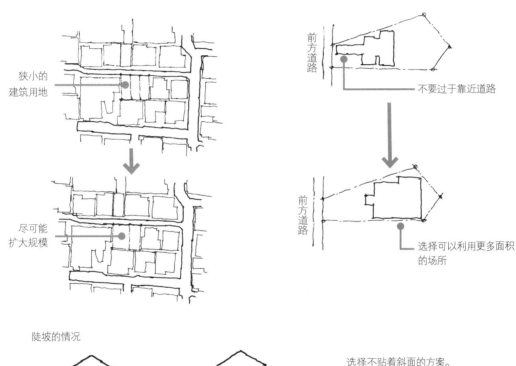

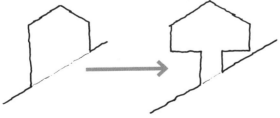

陡坡的情况

选择不贴着斜面的方案。

建筑物密集地的情况

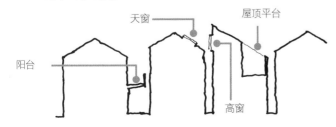

天窗　屋顶平台　阳台　高窗

在建筑密集地,可以组合利用阳台、天窗、高窗、屋顶平台等手法。

■ 所谓第二住宅指的是有了日常生活用的场所后，继续增添的第二个生活据点。一般来说是休假的时候为了放松自己而准备的房屋。随着生活方式的多样化，第二住宅也演化成了创作据点、退休后的隐居场所等。

■ 在规划第二住宅的时候，有一个基本要点是确保住宅最基本的"食"和"寝"的需求。这里只是作为据点，或者说出游之后回来休息的基地来使用的话，只要满足用餐和就寝条件即可。

■ 根据笔者的经验来说，住在都市里的人，对于自己的第二住宅往往希望是位于东京都中心处的简易公寓。作为购物、观剧、逛

美术馆等都市休假方式的休息地使用。这个时候我才明白，山和海边的疗养地并不一定适合作为第二住宅的选址点。这样的话，不管是第二住宅还是日常居住的地方，都可以按照同样的思考方式去做设计规划。日常的住宅从常识来说是一个比较正式的地方，而第二住宅可以增加一些有意外惊喜的设计，心里有梦生活才会更有趣，你觉得呢？

■ 开一个风景尽收眼底的大型风景窗，安装一个烧木材的暖炉，开放式餐厅位于住宅中心，以及使用舒适的具有开放感的露天澡堂等，每一个小想法后面可能都会有意外的惊喜。

图1

+α的思考方式

别墅或者第二住宅的规划要点就是加入一些一般住宅中没有的"非日常性"的东西。

● 整个住宅一室化
平时居住的住宅中通过隔墙把住宅区分成一个一个连续的小房间，而第二住宅就可以考虑作为一个宽敞的整体空间使用。

● 没有玄关的住宅
地面分为铺设地板和毛地，毛地作为玄关使用，也可以作为多功能空间。还可以作为出入平台、晒台，以及外缘的场所使用。

● 室内和室外的空间
虽然有屋顶但是没有门窗，风可以直接穿过（下图的平台）。

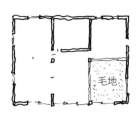

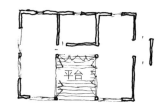

● 活用阁楼
一般的住宅中，阁楼都作为储物间来使用。在第二住宅中阁楼可以作为居住空间来使用，作为兴趣、读书、冥想的场所等都是不错的方案。

天窗

● 工作室、兴趣房
平时居住的住宅里不容易有的工作和兴趣专用的空间可以在这里优先考量。

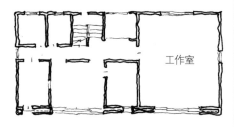

图2

第二住宅+α的案例

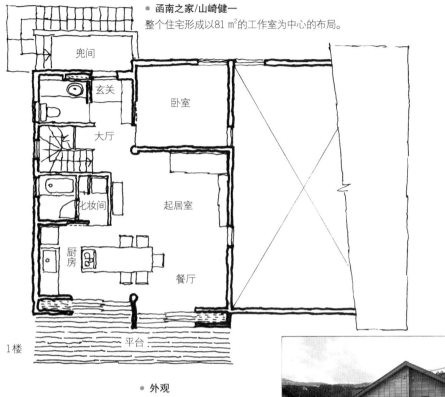

● 函南之家/山崎健一
整个住宅形成以81 m²的工作室为中心的布局。

兜间

玄关

卧室

大厅

化妆间

起居室

厨房

餐厅

1楼

平台

● 外观
建筑用地和前方道路形成约
3 m的高低差的斜坡。在地势
较低的地方设立一个地下室，
地势较高的地方采用平房外
观建造。

地下室

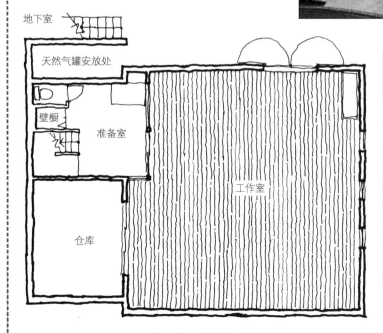

天然气罐安放处

壁橱

准备室

工作室

仓库

地下室形成一个大型的工作室空间

095

三代人同住的住宅中需要控制的地方

■ 以前日本三代人同住在一起的情况很多见，在规划阶段开始有两代人共同居住的意识大约是从1970年代后半期开始的。而现在在都市独立生活的年轻人已经很难找到土地去建造自己的住宅了。

■ 两代人同住的住宅可以增加一个父母居住的老年人房间，就如同以前的共同居住形式，公共区域的大部分都是共用的，而厨房、洗漱间和浴室等又有单独分开的"部分共用型"、两代人分别独立生活的"分离型"两种。无论哪种形式的布局都要听从客户自己的意愿。在商讨的时候也可以引入建筑用地规模上判断得出的最大建筑面积及预算上得出的可能建筑规模。

■ 为了能够让两代人舒适地生活在一起，也需要明白长辈和年轻一代对这种生活迷惑的地方。包括建筑建造费用和生活费用等经济负担的比例、婆媳关系、父母的身体状况等各种要素。原则上需要三代人坐下来好好商谈，制订一下生活的规则等，而设计师也需要在心里有所把握。

■ 因为生活时间带来的差异及饮食偏好的差异等，会导致几代人之间的不满和冲突发生。为了避免这样的情况，可以采用LDK分别专用的分离形式等。另外，1楼的父母的房间和2楼孩子的房间重叠的话，因为就寝时间带的差异，上面楼层的噪声就可能影响到下面楼层。用心解决上下楼层隔音问题的同时，也要注意房间的比例分配。不得已重叠在一起的时候，尽量降低孩子的噪声给老人造成的影响。

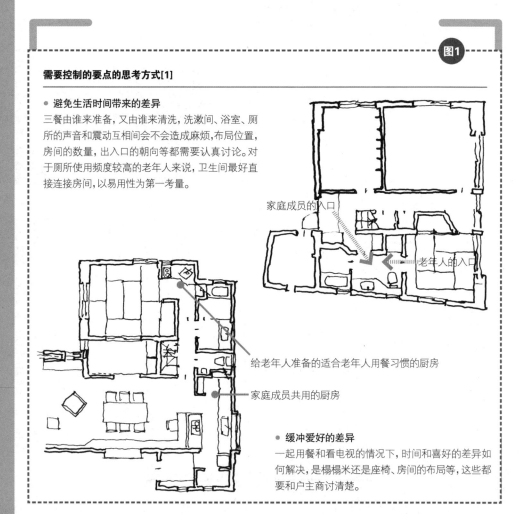

图1

需要控制的要点的思考方式[1]

● 避免生活时间带来的差异
三餐由谁来准备，又由谁来清洗，洗漱间、浴室、厕所的声音和震动互相间会不会造成麻烦，布局位置，房间的数量，出入口的朝向等都需要认真讨论。对于厕所使用频度较高的老年人来说，卫生间最好直接连接房间，以易用性为第一考量。

家庭成员的入口

老年人的入口

给老年人准备的适合老年人用餐习惯的厨房

家庭成员共用的厨房

● 缓冲爱好的差异
一起用餐和看电视的情况下，时间和喜好的差异如何解决，是榻榻米还是座椅、房间的布局等，这些都要和户主商讨清楚。

图2

需要控制的要点的思考方式[2]

● **处理好日常交友问题**

迎接友人的时候, 从哪里请进来, 待在哪个房间, 这样的房间布局要怎么安排, 这些重要的事项都要和户主面对面商谈清楚。

老年人要有专用的别处玄关。出入管理取决于老年人的选择。

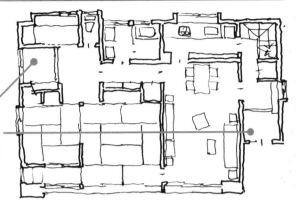

玄关2

玄关1
家庭成员的出入口

图3

两代人同住的住宅案例

● **二瓶邸/宫胁檀**

1楼长辈、2楼小辈的两代人同住住宅。1楼的方便门同时作为长辈用的玄关。

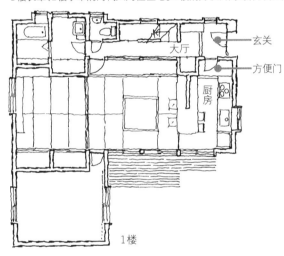

大厅

玄关

方便门

厨房

1楼

2楼

● **藤井邸(部分图)/宫胁檀**

1楼小辈、2楼长辈的两代人同住住宅。玄关虽然是两代人共用, 但是玄关大厅分别设立。

前方道路

大厅

玄关

1楼

前方道路

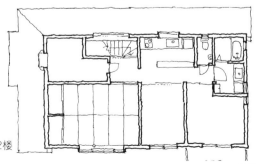

2楼

第6章 设计的发展案例和竣工图

完成之后要检查一遍

■ 为了确认施工是否照着自己描绘出来的设计图在顺利进展，设计师就需要到施工现场去做设计监理工作。这时候就会有照着设计图顺利进展的部分，以及没有照着设计图进展的部分，对于后者就需要查明原因，并加以修正。亲眼看着设计图上的东西以实物的方式轮廓不断完善起来，这种经验是非常宝贵的。

■ 在施工现场整理完毕并清扫过之后，对比设计图和实物来确认工作完成状况是设计师的一项基本工作。首先是建筑和周围环境是否协调，体积、比例、外表面材料的使用方面都需要考察。面积、高度、宽度等比例感是否良好，平衡性和比例是否令人感到舒服，包括内装的情况都需要一一检查。平衡感和比例感的检查不仅要从规模感来看，还要从材料方面进行。

■ 然后确认色调及色相是否和谐悦目。房间中的自然采光、照明效果等是否和设计时的预想一样，通风情况如何也需要确认。供排水和空调设备等能运转的话，要启动起来看一下操作是不是流畅，是否有异常的声音，水流是否有异常等，都需要设计师亲眼验证，并在下一次设计中活用进去。

■ 通过这样的检查过程，有时候也会有一些新的想法。努力把握住这些新想法，在下一次设计时就可以灵活运用了。对于没有按照图纸标示来施工的几个地方，需要知道其原因，这样可以避免同样的错误再次发生。

■ 像这样把实物和图纸并列检验的方式也算是设计师的一种特权，一定要尝试一下。

表1

自主检查手册（以厨房为例）

步骤	内容
1、和设计图内容对照	• 是否符合法律法规 • 是否照着设计图施工了，确认型号、尺寸、安装方法 • 确认动线的使用情况（确认视线方向，视线景色等）
2、和商讨内容对照	• 确认和客户照面后变更、追加、修改过的几个地方是否照着改动过
3、确认外观	• 有没有开裂、间隙、剥落、晕色、凸出等外观上的问题
4、设备的确认	• 确认机器是否正确安装、是否有不平整的问题 • 确认机器类的设定功能完好 • 确认机器能否正常工作，是否有异常杂音、气味、温度上升等问题 • 确认开关位置是否有不易于使用等问题
5、其他	• 确认扫除、上蜡等工作是否认真完成 • 确认管道内部、地板下等看不见的地方的清扫是否认真完成

表2

关于指出问题

• 指出的问题事项要分栏书写。
• 文书中的事项要尽可能精炼。因此在检查的时候最好能当场修改、纠正。
• 指出问题后的改正期限要尽可能短，一定要决定复查的日期。

图1

到实际建筑处做确认

● 箱根之家/山崎健一
在建筑正式交付之前,还有一次能够观察的机会,也就是建筑完成检查(自主检查)。但是去看一眼在其中生活的人的真实样子也是很重要的,可以在交付之后3个月或1年后找一个机会再去拜访一下。

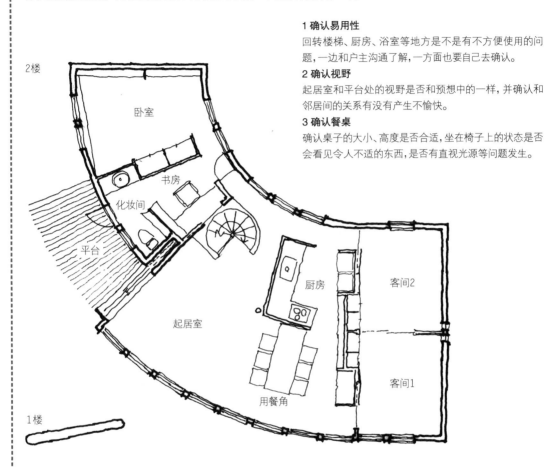

1 确认易用性
回转楼梯、厨房、浴室等地方是不是有不方便使用的问题,一边和户主沟通了解,一方面也要自己去确认。

2 确认视野
起居室和平台处的视野是否和预想中的一样,并确认和邻居间的关系有没有产生不愉快。

3 确认餐桌
确认桌子的大小、高度是否合适,坐在椅子上的状态是否会看见令人不适的东西,是否有直视光源等问题发生。

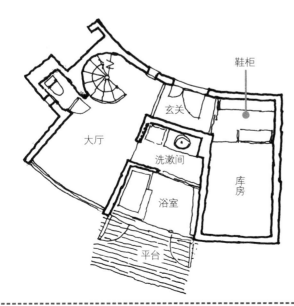

4 确认动线
在房间中移动着观察有没有不合适的地方。

5 确认空间
确认各个空间是否平衡,必要的空间是否足够宽敞等。

6 确认全关闭式移门
确认移门活动是否有问题,使用是否和预想中的一样方便,自己实际进出一下来作确认。

097

维护的要点

■ 建筑完成并交付给客户之后，建筑的维护管理责任也就移交到了客户一方。需要维护的地方主要有建筑本体、表面材料、结构、设备等，内容和难易度各不相同。

■ 作为业外人士来说，这些维护事项也不是容易的事情，通常都是事先和施工方制作好维护方案，与客户签订维护合同。施工方需要进行定期的检查。

■ 设计师一方也需要就设计方面是否方便使用，有哪些问题及其原因是什么做一番回访。交付一个月后、六个月后、一年后等都需要上门检查。尽可能和施工方的定期维护一起进行，这样对于客户来说时间上也会更方便一些。

■ 维护工程中，设计师可以就建筑的使用方式产生了什么变化、建筑材料是否有劣化、各部件之间是否依然功能良好等，抓紧机会做一番确认。这些信息对于下一次设计来说也是宝贵的经验。

■ 在参与维护工作的时候，往往还会需要应对客户提出的各种问题，虽然会比较麻烦，但是却是设计中不可多得的宝贵信息。一定要积极去参加维护工作。建筑设计工作并不是在交付的一刻就完成了的，而是建筑存在一天工作就尚未结束。

■ 维护所需要的事前调查和要点如下所示。
- 需要注意观察的部分有外部的天沟附近、门窗附近，以及内部的外墙附近结露情况。
- 以10年、20年为周期进行考察。
- 有剥离、龟裂等轻微的问题要立刻着手处理。
- 设备方面要注意日常使用中的异响、震动等，漏水问题尽早处理。

住宅维护规划案例

部位		随时检查
屋顶	瓦片屋顶	地震和台风之后目视检查
	板岩屋顶	地震和台风之后目视检查
	金属板屋顶	地震和台风之后目视检查
	天沟	检查落叶等堵塞状况
	拱腹	
外墙	灰泥系粉刷墙壁	检查龟裂状况
	壁板	
	贴板墙	
	接合密封处	检查接合缝隙
阳台	木质部分	检查是否有裂开、腐蚀
	铁质部分	
	铝质部分	
地基、支架立木		检查是否有白蚁
外部门窗	玄关（木制）	检查开闭情况
	玄关（铝制）	检查开闭情况
	铝制窗扇	检查开闭情况
	挡雨门（木制）	检查开闭情况
	挡雨门（铝制）	检查开闭情况
	窗框、门框（木制）	
内部门窗	木制门窗	检查开闭情况
	日式移门	
	屏风（半透光的日式移门、移窗）	1～2年重新张贴
内装	墙纸	检查剥离、开裂状况
	地板	擦拭、上蜡
	地毯	用吸尘器清理
	榻榻米	擦拭、用吸尘器清理
设备	空调	清洗过滤网 确认工作状态正常
	热水器	检查漏水、漏气、异响等状况
	供水管	检查漏水、锈水等状况
	排水管、集水井	检查漏水、堵塞、恶臭、异响状况
	厕所	清洗；检查漏水、异味状况
	单元浴室	清洗排水口；换气、干燥；检查密封状况
	厨房水槽	清洗脏污、排水井
	抽油烟机	清洗脏污、过滤网 检查异响状况
	水龙头	检查漏水、密封异常状况
	洗漱台	清洗排水口；检查是否有开裂、密封状况
	换气设备	检查是否有异响、工作异常 清洗过滤网
	电力设备	检查是否工作异常 清除灰尘

表1

5 年	10 年	15 年	20 年	25 年	30 年
					30～40 年进行修补或重新张贴工事
		15～20 年进行修补或重新张贴工事			
每3～5 年检查一次涂刷状况	每3～5 年检查一次涂刷状况	每3～5 年检查一次涂刷状况	每3～5 年检查一次涂刷状况	每3～5 年检查一次涂刷状况	每3～5 年检查一次涂刷状况
	10～15 年更换一次（PVC 材料的情况下）		10～15 年更换一次（PVC 材料的情况下）		10～15 年更换一次（PVC 材料的情况下）
	10～15 年修补一次		10～15 年修补一次		10～15 年修补一次
		15～20 年修补一次			15～20 年修补一次
		15～20 年修补一次			15～20 年修补一次
	清理		清理		清理
每3～5 年检查一次涂刷状况		15～20 年修补一次	每3～5 年检查一次涂刷状况	每3～5 年检查一次涂刷状况	15～20 年修补一次
每3～5 年检查一次涂刷状况		15～20 年修补一次	每3～5 年检查一次涂刷状况	每3～5 年检查一次涂刷状况	15～20 年修补一次
				25～30 年更换一次	
每5～10 年再进行一次防腐、防蚁	每5～10 年再进行一次防腐、防蚁	每5～10 年再进行一次防腐、防蚁	每5～10 年再进行一次防腐、防蚁	每5～10 年再进行一次防腐、防蚁	每5～10 年再进行一次防腐、防蚁
		15～20 年修补一次或者更换一次			15～20 年修补一次或者更换一次
				20～30 年修补一次或者更换一次	
				20～30 年修补一次或者更换一次	
		15～20 年修补一次或者更换一次			15～20 年修补一次或者更换一次
				20～30 年修补一次或者更换一次	
		进行上述工事时替换			进行上述工事时替换
		15～20 年修补一次或者更换一次			15～20 年修补一次或者更换一次
每3～5 年重新张贴	每3～5 年重新张贴	每3～5 年重新张贴	每3～5 年重新张贴	每3～5 年重新张贴	每3～5 年重新张贴
	每10 年重新张贴一次		每10 年重新张贴一次		每10 年重新张贴一次
	每5～10 年进行部分修补		每5～10 年进行部分修补		每30 年进行部分修补或重新张贴
	每5～10 年清洗一次		每5～10 年清洗一次	20～25 年重新张贴一次	每5～10 年清洗一次
	每10 年更换一次表面		每10 年更换一次表面		每30 年整体更换一次
	10 年左右更换一台		10 年左右更换一台		10 年左右更换一台
	10 年左右更换一台		10 年左右更换一台		10 年左右更换一台
			15～20 更换一次		
每3～5 年清洗一次管道	每3～5 年清洗一次管道	每3～5 年清洗一次管道	每3～5 年清洗一次管道	每3～5 年清洗一次管道	每3～5 年清洗一次管道
			15～20 年更换一次		
			15～20 年更换一次		
			15～20 年更换一次		
	10 年更换一次		10 年更换一次		10 年更换一次
	10 年更换一次		10 年更换一次		10 年更换一次
			15～20 年更换一次		
			15～20 年更换一次		
			15～20 年更换一次		

098

竹工图纸文书

建筑建造完成之后，施工方移交给客户的文书就称为竣工图纸文书。竣工图纸文书是后期维护时需要的重要资料。前面所说的竣工图也是竣工图纸文书的一部分。

竣工图纸文书根据建筑对象的规模和用途会有差异。最基本的是建筑物交付书、竣工图（外观设计、结构、设备）、设备机器列表（厂家、机器图纸、规格书）、建材及设备机器的说明书、各种保修卡、保养及紧急联系人列表、合作单位列表、钥匙列表（钥匙交付书）等。根据情况还会有各部分的日常生活用说明书。总体上来看数量非常大，因此原则上会使用标准的文件（A4尺寸）来交付。这样的话之后整理也会比较方便。

有麻烦的时候需要联系的是保养和经济联络人。如果能事先确认好联系的次序的话就更好了。原则上第一位的是施工单位的现场责任人。根据施工单位不同，交付后会转交给维护负责人。设备的漏水等比较紧急的事件可以直接和设备厂家联系，交付的时候也可以一并确认一下。

另外，设备机器的说明书一般是和机器一起运往施工现场的。在施工过程中可能会弄脏或者遗漏，现场管理的责任人就要留意一下了。万一发生这样的情况的话，可以和生产厂家联系再邮寄一份说明书或者从官网上下载。

竣工图纸文书由施工单位准备，考虑到将来的维护工作，设计师的手头也最好有一份备份，一定要委托施工单位准备一份复印件。

竣工图纸文书的样例

● **建造申请确认副本**

正本存放在政府机关处。副本在施工的时候会在施工方或监理者的手里，最终则会由户主保存。

● **中期检查报告书**

法定的中期检查及监理者自主进行的中期检查的报告书。

● **施工完成检查报告书**

接受法定的施工完成检查合格后制作的报告书。也包括监理者自己完成的检查报告书。

● **建筑交付书**

由施工方交给户主的物件交付书。

● **施工完成交付证明书**

由施工方交付给户主后的正式交付书。盖有施工者的证明印章。建筑物登记时必须要有。

● **钥匙交付书、列表**

建筑物需要钥匙的几个地方，交付时需要有根据场所标记钥匙编号、钥匙个数，以及钥匙本体。

● **交付联络人、协同施工业者一览表**

记载了紧急时候，或者维护的时候必要的联络人的文件。

● **各种保修卡、使用说明书**

安装在建筑物中的机器、装置、材料等的厂家所给的保修卡和说明书，以及从厂家那里寄来的包含保修卡的文件。

● **施工记录照片**

以施工完成后看不见的部分（躯体和设备配管等）为中心拍摄的照片文件。

● **竣工图**

包括建造完成的及建筑修正过的外观设计图、结构图、设备图、家具图等。是维护时需要的基础资料。

● **其他必要的资料**

建筑住宅性能评价书、长期优良住宅相关的资料、登记相关的资料、售后服务、维护合同相关文件等。

图书在版编目（CIP）数据

建筑设计的100个基本原则 /（日）山崎健一著；朱
轶伦译.— 上海：上海科学技术出版社，2017.1
　（建筑设计系列）
　ISBN 978-7-5478-3360-5

Ⅰ.①建… Ⅱ.①山… ②朱… Ⅲ.①建筑设计–研
究 Ⅳ.①TU2

　中国版本图书馆CIP数据核字（2016）第279789号

Original title: 住宅設計の基本ルール100 by 山崎健一

BASIC RULES OF HOUSE PLANNING 100

© KENICHI YAMASAKI 2014

Originally published in Japan in 2014 by X-Knowledge Co., Ltd.

Chinese (in simplified character only) translation rights arranged with X-Knowledge Co., Ltd.

建筑设计的100个基本原则
　［日］山崎健一　著　　朱轶伦　译

上海世纪出版股份有限公司
上海科学技术出版社　出版
（上海钦州南路71号　邮政编码200235）
上海世纪出版股份有限公司发行中心发行
200001　上海福建中路193号　www.ewen.co
上海中华商务联合印刷有限公司印刷
开本 787×1092　1/16　印张12.75
字数 410千字
2017年1月第1版　2017年1月第1次印刷
ISBN 978-7-5478-3360-5 / TU·239
定价：58.00元

本书如有缺页、错装或坏损等严重质量问题，请向工厂联系调换